Horst Ellringmann   Muster-Handbuch Umweltschutz

Horst Ellringmann

Muster-Handbuch Umweltschutz

Umweltmanagement nach
der Öko-Audit-VO

2., völlig überarbeitete Auflage

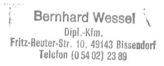
Luchterhand

Die Deutsche Bibliothek – CIP-Einheitsaufnahme

Muster-Handbuch Umweltschutz : Umweltmanagement nach
der Öko-Audit-VO / Horst Ellringmann. – Neuwied ; Kriftel ;
Berlin : Luchterhand.
   ISBN 3-472-02485-2
  NE: Ellringmann, Horst
Diskette [zur 2., völlig überarb. Aufl.]. – 1996

Umschlaggestaltung: Ute Weber, Graphik-Design, Wiesbaden
Satz: SVG, Darmstadt
Druck, Bindung: Wilhelm & Adam, Heusenstamm
Printed in Germany, Juli 1996
Gedruckt auf säurefreiem, alterungsbeständigem und chlorfreiem Papier

Geleitwort

Verfügen Unternehmen in der Bundesrepublik Deutschland über ein ausweisbares und überprüfbares Umweltmanagement, steigert das ihr Ansehen gegenüber ihren Geschäftskunden und einer umweltbewußter gewordenen Öffentlichkeit. Andererseits müssen viele Unternehmen ein funktionierendes Umweltmanagementsystem oder die Durchführung eines Öko-Audits nachweisen, damit sie überhaupt an Ausschreibungen zu großen Industrieobjekten teilnehmen können.

Ein wesentliches Element für das Einrichten eines Umweltmanagementsystems ist das unternehmenseigene Handbuch Umweltschutz. Für die kleineren und mittleren Unternehmen, die sich keinen großen Stab an Umweltbeauftragten und Umweltbetriebsprüfern leisten können, bedeutet das Erstellen dieses Handbuches eine enorme zeitliche und damit finanzielle Belastung. Deswegen zeigen sie oft Vorbehalte gegen die betriebliche Umsetzung der Öko-Audit-Verordnung und der DIN/ISO 14001, die auf die Belange des betrieblichen Umweltschutzes zugeschnitten ist.

Das vorliegende Buch liefert hier konkrete Hilfe. Seine Vorschläge lassen sich ohne großen Aufwand an die Belange des jeweiligen Unternehmens anpassen. Besonders die mitgelieferte Diskette ermöglicht das. Damit können auch kleinere und mittlere Unternehmen ein eigenes Umweltmanagementsystem aufbauen und sich nach der Öko-Audit-Verordnung zertifizieren lassen - was sie nicht zuletzt aus Wettbewerbsgründen tun sollten.

Die Erstauflage des »Muster-Handbuchs Umweltschutz« basierte auf der Qualitätsnorm DIN/ISO 9001; es folgt nun die zweite, völlig neubearbeitete Auflage. Sie orientiert sich an der DIN/ISO 14001. Die über die DIN/ISO 14001 hinausgehenden Elemente der EG Öko-Audit-Verordnung hat der Autor ebenso berücksichtigt wie die nach wie vor anwendbaren Inhalte der DIN/ISO 9001.

Das klar und übersichtlich gegliederte Werk zeigt:

❑ die ersten Planungsschritte
❑ die innerbetrieblichen Abläufe zur Erfüllung von DIN/ISO-Norm und Öko-Audit-Verordnung und
❑ die (häufig noch immer nicht berücksichtigten) Anforderungen an Zulieferer.

Das Buch verdeutlicht die für Umweltschutz wichtigen innerbetrieblichen Entscheidungsstrukturen und stärkt das Bewußtsein für die Bedeutung des Umweltschutzes. Das Management erhält mit diesem Buch eine unverzichtbare Orientierungshilfe.

Ich wünsche dem Werk auf seinem Wege Glückauf!

Karben, im Juni 1996   Dr.- Ing. Hermann H. Oppermann

Sprecher Region Rhein-Main
Verband der Betriebsbeauftragten für Umweltschutz (VBU)

Vorwort

Mit den Arbeiten an diesem Buch habe ich im Frühjahr 1996 begonnen. Zu diesem Zeitpunkt waren schon über 50 deutsche Unternehmensstandorte nach der Öko-Audit-Verordnung validiert. Aus diesen Projekten standen mir eine ganze Reihe von Umwelterklärungen und Leitfäden zur Verfügung, und ich konnte auf eigene Erfahrungen aus ca. 80 Beratungen zurückgreifen. Die ISO 14001 lag in ihrer wahrscheinlich endgültigen Fassung vor; damit hatte ich eine Strukturvorgabe für das Handbuch.

Mit dieser neuen Auflage des im Oktober 1993 erschienen Muster-Handbuch Umweltschutz möchte ich demonstrieren, daß die Entwicklung eines Umweltmanagementhandbuches keine unüberwindbare Hürde ist. Besonders Umweltschutzbeauftragten in Betrieben will ich mit diesem Buch Mut machen, die Umsetzung der Öko-Audit-Verordnung konkret anzugehen. Ergreifen Sie die Initiative und ermitteln Sie den Stand Ihres betrieblichen Umweltschutzes! Erarbeiten Sie Entscheidungsvorlagen, in denen Sie den Handlungsbedarf zum Erreichen der »Öko-Audit-Reife«, den damit verbundenen internen und externen Zeitaufwand und die voraussichtlichen Kosten angeben!

Sie machen sich um Ihr Unternehmen *nicht* verdient, wenn sie sich dem oft unsinnigen »Sparen um jeden Preis« anschließen. Zeigen Sie vielmehr, wie Umweltschutz die Marktposition Ihres Unternehmens verbessern kann.

Umweltschutzbeauftragte sind aufgrund ihrer ständigen Beschäftigung mit rechtlichen, politischen und sozialen Fragen (wie können wir eine Wirtschaftsweise entwickeln, die auch zukünftigen Generationen ein glückliches Leben auf dem Planeten Erde ermöglicht?) geradezu prädestiniert, an der Zukunftssicherung ihrer Unternehmens mitzuarbeiten. Und glauben Sie mir: Wir stehen erst ganz am Anfang des Umbaus unserer Wirtschaft und Gesellschaft. Wenn wir Umweltmanagement-, Qualitätsmanagement- und Sicherheitsmanagement-Systeme aufgebaut haben, geht es weiter: Die Systeme werden zusammengeführt und schlanker gestaltet. Methoden der kontinuierlichen Verbesserung von Unternehmensleistungen müssen entwickelt und gelebt werden. Vorhandene Produkte sind bezüglich ihrer Absetzbarkeit in sich schnell verändernden Märkten zu bewerten und Methoden zur ressourcen- und energieschonenden Entwicklung neuer Produkte müssen eingeführt werden. Verbraucherverhalten und Wettbewerb werden eine Kreislaufwirtschaft mit langlebigen Produkten aus wiederverwertbaren Werkstoffen erzwingen. China und Indien sind dabei, zu den führenden Wirtschaftsnationen der Erde aufzuschließen, und diese Länder brauchen andere – ressourcenschonendere und emissionsfreiere – Fertigungsprozesse und Produkte als die heute bekannten.

Fachleute müssen Führungskräfte über diese Entwicklungen informieren, Zukunftsszenarien durchspielen und Unternehmen neu ausrichten. Nicht die ewigen Zweifler und Verhinderer werden ihre Unternehmen auf den richtigen Weg bringen, sondern Menschen mit Initiative und Mut zum Querdenken.

Für wertvolle Anregungen und viele klärende Gespräche danke ich Herrn Reinhard Deutsch, Geschäftsführer der NORAK-Flugsegler GmbH, Herrn Dr. Reiner Chrobok, Geschäftsführer der Gesellschaft für Organisation e.V., Herrn Christoph Schmihing, Partner im Anwaltsbüro Schmihing, Nickel & Martin, Herrn Frank Rispoli, Umweltmanagement-Auditor bei der DQS GmbH, Herrn Jürgen Schieler, Berater für Qualitätsmanagement und DGQ-Qualitätsmanager, Herrn Harald Sommer, Environmental Manager Europe der Warner-Lambert-Company, Herrn Hans-Jürgen Wicht, Leiter allgemeine Verwaltung bei der Zahnradfabrik Friedrichshafen AG, Herrn Siegfried Eschborn, Beauftragter für das Umweltmanagement der C. Schenck AG, Herrn Volker Hoffmann, Direktor der VDO Luftfahrtgeräte GmbH und den Herren Jörg Lützen und Karl-Heinz Link, Leiter Umweltschutz und Umweltschutzbeauftragter der VOKO Franz Vogt & Co. KG.

Königstein/Falkenstein, im Juni 1996   Horst Ellringmann

Inhaltsverzeichnis

Umweltmanagementhandbuch der Muster GmbH

0   Umgang mit dem Handbuch
0.1   Aufbau
0.2   Verteilung
0.3   Änderungen

1   Umweltpolitik

2   Planung
2.1   Umweltauswirkungen
       UVA Erfassen, Dokumentieren und Bewerten
2.2   Gesetze und andere Vorschriften
       UVA Dokumentation und Pflege von Rechtsnormen
2.3   Strategische Ziele und operative Vorgaben
2.4   Umweltschutzprogramm

3   Durchführung
3.1   Organisation, Verantwortlichkeiten, Delegationen, Mittel
       UVA Ermitteln und Integrieren von Anforderungen
3.2   Schulung, Bewußtseinsbildung und Kompetenz
3.3   Kommunikation
3.4   Umwelterklärung
       UVA Erstellen und Bewerten der Umwelterklärung
3.5   Dokumentation des Umweltmanagementsystems
       UVA Führen der Dokumente
3.6   Ablauflenkung
3.6.1 Aufbau- und Ablaufverfahren
3.6.2 Ablaufkontrolle

Inhalt der Diskette

Die dem Buch beigelegte Diskette enthält das Umweltmanagementhandbuch der Muster GmbH komplett mit Ausnahme der Abbildungen. Die Texte, Tabellen und Vordrucke sind als Dateien im Format Word für Windows 2.0 abgelegt.

Abkürzungen

ASI Arbeitssicherheit

Bb Betriebsbeauftragter

Bbf Zusammenfassung der Betriebsbeauftragten für Abfall, Gewässerschutz, Immissionsschutz, Gefahrguttransport

BfUM Beauftragter für Umweltmanagement

KVP Kontinuierlicher Verbesserungsprozeß

QM Qualitätsmanagement

QVA Qualitäts-Verfahrensanweisung

TRbF Technische Richtlinie für brennbare Flüssigkeiten

TRgA Technische Richtlinie für gefährliche Arbeitsstoffe (veraltet)

TRGS Technische Regeln für Gefahrstoffe

UM Umweltmanagement (Es müßte eigentlich Umweltschutz-Management heißen. Da sich Umweltmanagement aber durchgesetzt hat, benutzen wir diesen Begriff).

UMS Umweltmanagementsystem

UAA Umweltschutz-Arbeitsanweisung

UVA Umweltschutz-Verfahrensanweisung

VA Verfahrensanweisung

Begriffsbestimmungen

Betriebsprüfer

Person oder Gruppe, die zur Belegschaft des Unternehmens gehört oder unternehmensfremd ist, im Namen der Unternehmensleitung handelt, einzeln oder als Gruppe über die in Anhang II Teil C genannten fachlichen Qualifikationen verfügt und deren Unabhängigkeit von den geprüften Tätitgkeiten groß genug ist, um eine objektive Beurteilung zu gestatten.

Betriebsprüfungszyklus

Zeitraum, innerhalb dessen alle Tätigkeiten an einem Standort gemäß Artikel 4 und Anhang II in Bezug auf alle in Anhang I Teil C aufgeführten relevanten Umweltaspekte einer Betriebsprüfung unterzogen werden.

Emissionsvermeidung

Einsatz von Prozessen, Verfahren, Werkstoffen, Produkten oder Energieformen, die Emissionen und Abfall vermeiden oder reduzieren.

Gewerbliche Tätigkeit

jede Tätigkeit, die unter die Abschnitte C und D der statistischen Systematik der Wirtschaftszweige in der Europäischen Gemeinschaft (NACE Rev. 1) gemäß der Verordnung (EWG) Nr. 3037/90 des Rates (ABl. Nr. L 293 vom 24. 10. 1990 S. 1) fällt; hinzu kommen das Erzeugen von Strom, Gas, Dampf und Heißwasser sowie Recycling, Behandlung, Vernichtung und Endlagerung von festen und flüssigen Abfällen.

Interessierte Kreise

Personen und Gruppen, die Interesse an der Umweltleistung einer Organisation haben oder davon betroffen sind.

Kontinuierliche Verbesserung

Fortentwicklung des Umweltmanagementsystems mit dem Ziel, alle Umweltleistungen als Ergebnis kontinuierlicher Verbesserungsbemühungen – wenn auch nicht unbedingt in allen Tätigkeitsbereichen gleichzeitig – zu erzielen.

Organisation

Gesellschaft, Körperschaft, Betrieb, Unternehmen, Institution oder Teile davon, eingetragen oder nicht, öffentlich oder privat, mit eigenen Funktionen und eigener Verwaltung. Bei Organisationen mit mehr als einer Betriebseinheit kann eine einzelne Betriebseinheit als Organisation definiert werden.

Standort

Gelände, auf dem die unter der Kontrolle eines Unternehmens stehenden gewerblichen Tätigkeiten an einem bestimmten Standort durchgeführt werden, einschließlich damit verbundener oder zugehöriger Lagerung von Rohstoffen, Nebenprodukten, Zwischenprodukten, Endprodukten und Abfällen sowie der im Rahmen dieser Tätigkeiten genutzten beweglichen und unbeweglichen Sachen, die zur Ausstattung und Infrastruktur gehören.

Unternehmen

Organisation, die die Betriebskontrolle über die Tätigkeit an einem Standort insgesamt ausübt.

Umwelt

Umgebung, in der eine Organisation tätig ist; dazu gehören Luft, Wasser, Land, Bodenschätze, Flora, Fauna und der Mensch sowie deren Wechselwirkungen. Die Umwelt kann sich in diesem Zusammenhang von der Organisation bis zum globalen System erstrecken.

Umweltaspekte

Bestandteile der Tätigkeiten, Produkte und/oder Dienstleistungen eines Unternehmens, die in Wechselwirkung mit der Umwelt treten können.

Umweltbetriebsprüfung

Managementinstrument, das eine systematische, dokumentierte, regelmäßige und objektive Bewertung der Organisation, des Managements und der Abläufe zum Schutz der Umwelt umfaßt und folgenden Zielen dient:

❑ Erleichterung für das Management, Verhaltensweisen, die eine Auswirkung auf die Umwelt haben können, zu kontrollieren,

❑ Beurteilung der Übereinstimmung von Unternehmens- und Umweltpolitik.

Umwelterklärung

Die vom Unternehmen gemäß dieser Verordnung, besonders gemäß Artikel 5, abgefaßte Erklärung.

Umweltmanagementsystem

Der Teil des gesamten übergreifenden Managementsystems, der Organisationsstruktur, die Zuständigkeiten, Verhaltensweisen, förmliche Verfahren, Abläufe und Mittel für das Festlegen und Durchführen der Umweltpolitik einschließt.

Umweltmanagementsystem-Audit

Systematische und dokumentierte Verifizierung des Umweltmanagementsystems einer Organisation, um objektive Nachweise zu erlangen, daß es die selbst festgelegten Auditkriterien erfüllt; Mitteilung der Verifizierungsergebnisse an die Unternehmensleitung.

Umweltpolitik

Umweltbezogene Gesamtziele und Handlungsgrundsätze eines Unternehmens, einschließlich der Einhaltung aller einschlägigen Umweltvorschriften.

Umweltprüfung

Erste umfassende Untersuchung umweltbezogener Fragestellungen und Auswirkungen des betrieblichen Umweltschutzes im Zusammenhang mit der Tätigkeit an einem Standort.

Umweltprogramm

Beschreibung der konkreten Ziele und Tätigkeiten des Unternehmens, die einen größeren Schutz der Umwelt an einem bestimmten Standort gewährleisten sollen, einschließlich einer Beschreibung der zur Erreichung dieser Ziele getroffenen oder in Betracht gezogenen Maßnahmen und der gegebenenfalls festgelegten Fristen für die Durchführung dieser Maßnahmen.

Umweltziele

Ziele, die sich ein Unternehmen im einzelnen für seinen betrieblichen Umweltschutz gesetzt hat.

Umweltspezifische Zielsetzung

Aus Unternehmenspolitik und den signifikanten Umweltaspekten abgeleitetes Gesamtziel, das sich eine Organisation setzt und das, wo immer möglich, quantifiziert wird.

Umweltspezifische Ziele

Detaillierte, möglichst quantifizierte Leistungsanforderungen, die für die Organisation oder Teile von ihr gelten und die sich aus den umweltspezifischen Zielsetzungen ergeben, für deren Realisierung sie festgelegt und erfüllt werden müssen.

Umweltorientierte Leistung

Meßbare Leistung des Umweltmanagementsystems einer Organisation; sie bezieht sich auf die Kontrolle der Einwirkungen ihrer Tätigkeiten, Produkte und/oder Dienstleistungen auf die Umwelt und auf die Umweltpolitik, die auf umweltspezifische Zielsetzungen und Zielen beruht.

Zugelassener Umweltgutachter

Vom zu begutachtenden Unternehmen unabhängige Person oder Organisation, die gemäß den Bedingungen und Verfahren des Artikels 6 der Öko-Audit-Verordnung zugelassen ist.

Zulassungssystem

Ein System für die Zulassung und Beaufsichtigung der Umweltgutacher, das von einer unparteiischen Stelle der Organisation betrieben wird. Diese wird von einem Mitgliedstaat benannt oder geschaffen und muß über ausreichende Mittel und fachliche Qualifikationen sowie über geeignete förmliche Verfahren verfügen, um die in dieser Verordnung für ein solches System festgelegten Aufgaben wahrnehmen zu können.

Zuständige Stellen

Die gemäß Artikel 18 der Öko-Audit-Verordnung von den Mitgliedstaaten benannten Stellen, die die in dieser Verordnung festgelegten Aufgaben durchführen.

Literaturverzeichnis

Adams, Heinz W.: Herausforderung an Organisation und Motivation. Wege zu einem effizienten Management des Umweltschutzes, in: Blick durch die Wirtschaft, 29. 6. 1993.

Albach, Horst: Umweltmanagement als Führungsaufgabe, in: Zeitschrift für Betriebswirtschaft 64. Jg. (1994), Heft 12, S. 1567 - 1579.

Annighöfer, Frank; Lorenz, Axel: Qualität im Umweltschutzmanagement - Verantwortungsbewußtsein, das sich auszahlt, in: Little, Arthur D.: Management von Spitzenqualität, Wiesbaden 1992, S. 169 - 180.

Baer, Stephan: Auf dem Weg zur ökologisch bewußten Unternehmungsführung, in: Management Zeitschrift, 62 (1993), Nr. 12, S. 27 - 31. Bd. 1 (3. Aufl.) und Bd. 3 2., Halbband (2. Aufl.), München 1993.

Betz, Gerd; Vogl, Horst: Das umweltgerechte Produkt. Neuwied, Kriftel, Berlin 1996.

Blanck, Michael: Wettbewerbsorientiertes Energiemanagement, in: Management Zeitschrift, 61 (1992), Nr. 12, S. 55 - 58.

Bleicher, Knut: Das Konzept Integriertes Management, Frankfurt 1994.

British Standards Institute: Specification for Environmental Management Systems, BSI, Milton Keynes, 1994.

Büchi, Rudolf; Chrobok, Reiner: GOM - Ganzheitliches Organisationsmodell. Methode und Techniken für die praktische Organisationsarbeit, Baden-Baden 1994.

Bundesumweltministerium/Umweltbundesamt: Handbuch Umweltcontrolling, München 1994.

Bundesverband der Deutschen Industrie e.V. (BDI): Umweltpolitik International, Perspektiven 2000, Köln 1992.

Chrobok, Reiner: Grundbegriffe der Organisation (GBO), Baden-Baden 1993.

Department of Trade and Industry (DTI): Green Rights and Responsibilities, A Citizens Guide to the Environment, HMSO, London.

DGQ-DQS-Schrift 12-64: Audits zur Zertifizierung von Qualitätsmanagementsystemen. Regeln und DQS-Auditfragenkatalog, Berlin und Köln 1993.

DIN Deutsches Institut für Normung e.V.: DIN-Fachbericht 45, Umweltmanagementsysteme, 1. Auflage, Berlin 1994.

Dyckhoff, Harald; Jacobs, Rolf: Organisation des Umweltschutzes in Industriebetrieben. Ergebnisse einer empirischen Untersuchung, in: Zeitschrift für Betriebswirtschaft, 64. Jg. (1994), Heft 6, S. 717 - 735.

Dyllick, Thomas: Ökologischer Wandel in Schweizer Branchen, Bern 1994.

Ellringmann, Horst: Muster-Handbuch Umweltschutz. Umweltmanagement nach DIN/ ISO 9001, Neuwied u. a. 1993.

Enquete-Kommission Schutz des Menschen und der Umwelt: Die Industriegesellschaft gestalten, Bonn 1994.

Feldhaus, Gerhard: Umwelt-Audit und Betriebsorganisation im Umweltrecht, in: UPR Special, Band 5, Umwelthaftung und Umweltmanagement, München 1994.

Franzheim, Horst: Umweltstrafrecht, Berlin 1991.

Frese, Erich: Organisation des Umweltschutzes. In: Frese (Hrsg.): Handwörterbuch der Organisation, 3. Auflage, Wiesbaden 1992, Sp. 2433–2451.

Führ, Martin: Umweltmangement und Umweltbetriebsprüfung – neue EG-Verordnung zum »Öko-Audit« verabschiedet, in: Neue Zeitschrift für Verwaltungsrecht, 1993, S. 858.

Gomez, Peter; Zimmermann, Tim: Unternehmensorganisation, Frankfurt 1993.

Günther, Klaus (Hrsg.): Erfolg durch Umweltmanagement. Reportagen aus mittelständischen Unternehmen. Neuwied u. a. 1994.

Hansen, Ursula; Lübke, Volkmar; Schoenheit, Ingo: Der Unternehmenstest als Informationsinstrument für ein sozial-ökologisch verantwortliches Wirtschaften, in: ZfB, 63. Jg. (1993), H. 6, S. 587–611.

Hoch, Hans J.: Die Rechtswirklichkeit des Umweltstrafrechts aus der Sicht der Umweltverwaltung und Strafverfolgung, Freiburg 1994.

Hopfenbeck, Waldemar; Roth, Peter: Öko-Kommunikation, Landsberg am Lech 1994.

Internationales Institut für Rechts- und Verwaltungssprache: Umweltpolitik, Handbuch der Internationalen Rechts- und Verwaltungssprache, Köln/Berlin/Bonn/München 1993.

Köck, Wolfgang: Die Entdeckung der Organisation durch das Umweltrecht, in: Zeitschrift für Umweltrecht, 1995, S. 1.

Kramer, Rainer: Umweltinformationsgesetz, Öko-Audit-Verordnung, Umweltzeichenverordnung, Stuttgart 1994.

Kreikebaum, Hartmut; Seidel, Eberhard; Zabel, Hans-Ulrich: Unternehmenserfolg durch Umweltschutz. Rahmenbedingungen – Instrumente – Praxisbeispiele, Wiesbaden 1994.

Krystek, Ulrich; Müller-Stewens, Günter: Frühaufklärung für Unternehmen. Identifikation und Handhabung zukünftiger Chancen und Bedrohungen, Stuttgart 1993.

Landesanstalt für Umweltschutz (LfU): Umweltmanagement in der metallverarbeitenden Industrie, Karlsruhe 1994.

Lange, C.: Umweltschutz und Unternehmensplanung. Die betriebliche Anpassung an den Einsatz umweltpolitischer Instrumente, Wiesbaden 1978.

Lübbe-Wolff, Gertrude: Die EG-Verordnung zum Umwelt-Audit, in: Deutsches Verwaltungsblatt, 1994, S. 361.

Middelhoff, Henning: Die Organisation des betrieblichen Umweltschutzes. Beispiel deutsche und schweizerische chemische Industrie, in: Zeitschrift Führung + Organisation, 5/1994, S. 312 - 315 (Teil I) und 6/1994, S. 388 - 392.

Nagel, Kurt: Die 6 Erfolgsfaktoren des Unternehmens, Landsberg 1986.

Peglau, Reinhard: Die Normung von Umweltmanagementsystemen und Umweltauditing im Kontext der EG-Öko-Audit-Verordnung, in: Zeitschrift für Umweltrecht, 1995, S. 19.

Popham, Haik: Schnobrich & Kaufman Ltd., in: European Environment Law Review, 1994, S. 140

Rat von Sachverständigen für Umweltfragen: Umweltgutachten 1994, Wiesbaden 1994.

Razim, Claus: Das Spannungsfeld von Technologie, Ökologie und Ökonomie, in: Zeitschrift für Betriebswirtschaft, 64. Jg. (1994), Heft 12, S. 1581 - 1590.

Reibnitz, Ute von: Szenarien Optionen für die Zukunft, Hamburg 1987.

Rüdenauer, Manfred: Ökologisch führen. Evolutionäres Wachstum durch ganzheitliche Führung, Wiesbaden 1991.

Schedler, Karl: Handbuch Umwelt: Technik, Recht, 2. Aufl., Ehningen 1992.

Schmidt-Bleek, Friedrich: Wieviel Umwelt braucht der Mensch?, Berlin 1994.

Schottelius, Dieter: Umweltmanagement- und Organisationssysteme. Eine kritische Durchleuchtung, in: Betriebs-Berater (BB), 1994, Heft 32, S. 2214 - 2219.

Schulz, Erika; Werner Schulz: Ökomanagement, München 1994.

Seidel, Eberhard: Zur Organisation des betrieblichen Umweltschutzes. Zeitschrift Führung + Organisation 5/1990, S. 334 - 341.

Sellner, Dieter; Schnutenhaus, Jörn: Umweltmanagement und Umweltbetriebsprüfung (»Umwelt-Audit«) - ein wirksames, nicht ordnungsrechtliches System der betrieblichen Umweltschutzes, in: Neue Zeitschrift für das Verwaltungsrccht, 1993, S. 928.

Siebert, H.: Ökonomische Theorie der Umwelt. Tübingen 1978.

Sietz, Manfred (Hrsg.): Umweltbetriebsprüfung und Öko-Auditing. Anwendungen und Praxisbeispiele, Berlin u.a. 1994.

Stahlmann, Volker: Umweltverantwortliche Unternehmensführung. Aufbau und Nutzen eines Öko-Controlling, München 1994.

Steger, Ulrich (Hrsg.): Umwelt-Auditing. Ein neues Instrument der Risikovorsorge, Frankfurt am Main 1991.

Steger, Ulrich: Umweltmanagement, Frankfurt 1993.

Stützle, Wolfgang: Umweltschutz und Entsorgungslogistik. Theoretische Grundlagen mit ersten empirischen Ergebnissen zur innerbetrieblichen Entsorgungslogistik, Reihe: Unternehmensführung und Logistik, Band 6, Berlin 1993.

Töpfer, Armin; Mehdorn, Hartmut: Total Quality Management, Neuwied 1993.

Umweltbundesamt: Umweltfreundliche Beschaffung, 3. Aufl., Wiebaden und Berlin 1993.

Waskow, Siegfried: Betriebliches Umweltmanagement, Heidelberg 1994.

Zabel, Hans-Ulrich: Ökologieverträglichkeit in betriebswirtschaftlicher Sicht, in: ZfB, 63. Jg. (1993), H. 4, S. 351 - 372.

Zahn, Erich; Gassert, Herbert: Umweltschutzorientiertes Management, Stuttgart 1992.

Einleitung

Ziel und Zweck dieses Handbuchs

Dieses Musterhandbuch wendet sich an Führungskräfte aller Industriezweige und Unternehmensbereiche, an Fachkräfte im betrieblichen Umweltschutz, an Unternehmensberater, an Verbände und an Mitarbeiter der praxisorientierten Lehre und Forschung.

Unternehmen mit mehreren Standorten können dieses Handbuch auch als »General-Handbuch« nutzen. Es bildet den **Maximalumfang** eines betrieblichen Umweltmanagements nach der Öko-Audit-Verordnung und der ISO 14001 ab. Der Grund: Es ist aufwendiger, Regelungen und Verfahrensanweisungen selbst zu entwickeln, als Streichungen vorzunehmen.

Leser, die die Grundlagen des betrieblichen Umweltschutzes beherrschen, sollten anhand dieses Musterhandbuchs in der Lage sein, ihr unternehmensspezifisches Umweltschutzhandbuch mit einem um 30 bis 50% reduzierten Aufwand zu erstellen.

Hinweise für die Benutzung des Musterhandbuchs

Dieses Handbuch behandelt Öko-Audit-Verordnung und ISO 14001 vollständig. Die Gliederung orientiert sich an der ISO 14001. Sollte diese Norm geändert werden, kann der Leser die notwendigen Änderungen im Handbuch einfach ausführen.

Auf Themen wie Sicherheitsanalysen, Anmelden von Stoffen und Erstellen von Sicherheitsdatenblättern, die nur spezielle Branchen wie die Chemische Industrie betreffen, verzichtet dieses Musterhandbuch.

Zu Verfahrens- und Arbeitsanweisungen werden Muster gezeigt, die einfach in unternehmensspezifische Zusammenhänge übertragen werden können.

Kursiv geschriebene Texte enthalten Erläuterungen und Anregungen aus der Beratungspraxis des Autors.

Weiterführende Informationen zu Umweltrecht, Unternehmensorganisation und Umweltmanagement im europäischen Ausland sowie Berichte aus Unternehmen enthält das Loseblattwerk »Umweltschutz-Management« der

Autoren Ellringmann, Schmihing und Chrobok, erschienen im Luchterhand Verlag 1995.

Berücksichtigung von ISO 9001 und ISO 14001

Leser der ersten Auflage dieses Buchs werden sich fragen, warum diesmal
eine andere Gliederung gewählt wurde. Die Gründe: Zwischenzeitlich hat
sich ISO 14001 als »Weltnorm für Umweltmanagement« etabliert, und eine »CEN-Variante« dieser Norm wird für die Mitgliedsstaaten der Europäischen Union die »Norm zur Öko-Audit-VO« sein.

Die Aussagen zu ISO 9001 und Umweltmanagement der ersten Auflage
sind nach wie vor gültig. Auch die dort vorgeschlagene Systematik »Umweltmanagement nach ISO 9001« ist weiter anwendbar. Eine andere Systematik zeigt die Tabelle in Abb. 1.

Qualitätsmanagement und Umweltmanagement

Vorschlag einer gemeinsamen Systematik

Nr.	QM-Element	Gemeinsames Element	UM-Element
1		Verantwortung der Leitung	
1.1	Qualitätspolitik		Umweltpolitik
1.2			Rechtsnormen und Auflagen
1.3			Ziele, Aufgaben und Programme
2	QM-System		UM-System
3		Vertragsprüfung, Auftragnehmer	
4		Forschung und Entwicklung	
5		Dokumentenlenkung und Handbuch	
6		Beschaffung, Materialwirtschaft, Material- und Stoffströme	
7	Vom Auftraggeber beigestellte Produkte		
8	Kennzeichnung und Rückverfolgbarkeit		
9		Prozeßlenkung, umweltgerechte Produktionsprozesse, Umweltauswirkungen	
10		Prüfungen, Eigenüberwachung, Fremdüberwachung	
11		Prüfmittel, Prüfstatus	
12		Ablauflenkung	
13	Lenkung fehlerhafter Produkte		
14		Korrekturmaßnahmen, Risikomanagement	
15		Handhabung, Lagerung, Verpackung, Konservierung und Versand	
16		QM- und UM-Aufzeichnungen	Umwelterklärung
17		Interne Audits und Reviews	
18		Schulung, Motivation, Kommunikation	
19		Kundendienst, Instandhaltung, Wartung	
20		Statistische Methoden, Kataster, Bilanzen	

Abb. 1: Gemeinsamkeiten und Unterschiede der Normen ISO 9001 und ISO 14001

Unterschiede zwischen Öko-Audit-Verordnung und ISO 14001

Sprachlich wird unterschieden zwischen **Validierung** oder Begutachtung und **Zertifizierung**. Die Validierung dürfen nur zugelassene Umweltgutachter durchführen. Sie führt zur Registrierung eines Standorts bei der zuständigen Industrie- und Handelskammer (IHK) und zu Einträgen in ein nationales Register (DIHT) und in das Amtsblatt der EU. Validierte Unternehmen dürfen das Gütezeichen für Umweltschutz-Management auf Briefköpfen und in Broschüren führen (nicht in Verbindung mit Produktwerbung). Die Zertifizierung dürfen nur akkreditierte Auditoren durchgeführen. Sie entspricht der Vorgehensweise im Qualitätsmanagement und führt zur Verleihung eines Zertifikats nach ISO 14001.

Die Unterschiede zwischen Öko-Audit-Verordnung und Norm betreffen hauptsächlich die Umwelterklärung, also die Veröffentlichung der vom Unternehmen ausgehenden Umweltbeeinträchtigungen sowie seine Umweltschutzleistungen, und die bei einer Validierung umfangreichere Prüfung der Einhaltung von Rechtsnormen. Abb. 2 faßt alle Unterschiede in Tabellenform zusammen.

Öko-Audit-Verordnung	ISO 14001 (Stand 7/95)
Prüft das Einhalten nationaler und europäischer Rechtsnormen	Erwartet eine Erklärung, daß die relevanten Rechtsnormen eingehalten werden
Gültigkeit begrenzt auf Europa	Weltweit gültig
Begrenzung auf gewerbliche Tätigkeiten und Standorte	Gilt für alle Organisationen ohne Standortbegrenzung
Produkte und deren ökologische Wirkung werden am Rande betrachtet und sind der Umweltzeichen-Verordnung zugewiesen	Bezieht sich auf alle Aktivitäten, Produkte und Dienstleistungen eines Unternehmens
Verlangt Umwelterklärungen mit Angabe der Umweltbeeinträchtigungen, Leistungen und Verbesserungen	Verlangt die Veröffentlichung der Ziele und Maßnahmen der Umweltpolitik
Hat hoheitliche Elemente (Validierung durch einen Umweltgutachter und Registrierung)	Basiert auf privatwirtschaftlichen Verträgen. Die Zertifizierung führt nicht zur Registrierung des Standorts nach den Regelungen der Öko-Audit-Verordnung
Fordert die Nutzung der besten verfügbaren Technik und schlägt »Gute Managementpraktiken« vor	Soll ein »Bekenntnis zur Vermeidung von Umweltbelastungen« enthalten

Abb. 2: Unterschiede zwischen Öko-Audit-Verordnung und ISO 14001
(Quelle: Thomas Dyllick, Hochschule St. Gallen)

Umweltmanagementhandbuch
der Muster GmbH

Handbuch Nr: ....Version: ....

Arbeitsexemplar ☐   Informationsexemplar ☐

wurde übergeben am: ....

an: ....

durch: ....

0.1 Aufbau

Auf dem Titelblatt des Handbuchs sind Handbuch-Nummer und Inhaber vermerkt. Außerdem muß erkennbar sein, ob das vorliegende Handbuch dem Änderungsdienst unterliegt oder lediglich ein Informationsexemplar für Dritte (Kunden, Lieferanten etc.) ist.

Das Handbuch ist in fortlaufend numerierte Kapitel gegliedert. Jedes Kapitel ist einzeln paginiert, die Seitennumerierung beginnt also jeweils bei eins. Auf jeder Seite müssen unten Kapitelnummer, Revisionsnummer und Seitennummer angegeben sein. Zu den Kapiteln gehören Umweltverfahrensanweisungen (UVA) oder Umweltarbeitsanweisungen (UAA). Die Seiten dieser Anweisungen sind aufgebaut wie die Kapitelseiten. Zu den Kapiteln, Umweltverfahrens- und Umweltarbeitsanweisungen gehören Anlagen. Diese haben Kopfzeilen und Seitennummern unten. Einzelne Seiten aus Kapiteln, Umweltverfahrens- und Umweltarbeitsanweisungen oder Anlagen sind so eindeutig gekennzeichnet und im Rahmen des Änderungsdienstes austauschbar.

0.2 Verteilung

Der Beauftragte für Umweltmanagement verwaltet das Handbuch. Alle verteilten Exemplare sind Kopien des Originals. Andere Fachabteilungen sind nicht berechtigt, Kopien des Handbuchs zu erstellen. Das gewährleistet den geregelten Änderungsdienst.

Zwei Versionen des Handbuchs werden ausgegeben:
❑ Arbeitsexemplare, die dem Änderungsdienst unterliegen
❑ Informationsexemplare für Kunden, Lieferanten etc. ohne Änderungsdienst

Die innerhalb der Muster GmbH verteilten Kopien sind Arbeitsexemplare. Kunden oder externe Stellen erhalten solche Exemplare nur in begründeten Ausnahmefällen. Auf dem Titelblatt des Handbuchs ist das entsprechende Feld für die Handbuchart angekreuzt. Jedem Arbeitsexemplar liegt ein Ant-

Erstellt von:	Datum:
Version: 1	Seite: 1 von 2

wortschein bei, der nach Empfang an den Beauftragten für Umweltmanagement zurückgesandt werden muß. Der registriert die Empfänger in einer Verteilerliste. Zum Zweck der zuverlässigen Überwachung sind alle Exemplare auf dem Deckblatt fortlaufend numeriert. Ein Handbuch ist nur gültig, wenn diese Nummer **rot** eingetragen ist.

Die ISO 14001 fordert die »Weitergabe der einschlägigen Verfahren und Anforderungen an Zulieferer und Auftragnehmer«. Auf Wunsch erhalten Vertragspartner der Muster GmbH eine für sie bestimmte Version des Handbuchs. Auf dem Titelblatt dieser Exemplare ist das Feld »Informationsexemplar« angekreuzt. Die Empfänger führt der Beauftragte für Umweltmanagement in einer Verteilerliste.

0.3 Änderungen

Wünsche für Änderungen des Handbuch sind formlos beim Beauftragten für Umweltmanagement einzureichen. Änderungen nimmt er selbst vor oder veranlaßt sie. Die Revisionsnummer in der Fußnote jedes Kapitels wird mit jeder Änderung um eins erhöht, das Datum der Änderung in der Fußnote aktualisiert. Die Änderungen (neue Seiten) erhalten alle Inhaber des Handbuchs zusammen mit einem Antwortschein. Den Verteiler der Änderung dokumentiert der Beauftragte für Umweltmanagement. Der jeweilige Handbuchinhaber ist zuständig für die Aktualisierung des Handbuchs und das Vernichten der ungültigen Kapitel.

1   Zweck
2   Anwendungsbereich
3   Verantwortlichkeiten
4   Regelungen
4.1 Festlegung und Weiterentwicklung der Umweltpolitik
4.2 Bekanntgabe der Umweltpolitik
5   Mitgeltende Unterlagen

Erstellt von:	Datum:
Version: 1	Seite: 1 von 3

1 Zweck

Festlegen einer Orientierung für das Entscheiden und Handeln aller Mitarbeiter des Unternehmens.

2 Anwendungsbereich

Gesamtes Unternehmen

3 Verantwortlichkeiten

Vorstand, Bereichsleiter, BfUM

4 Regelungen

4.1 Festlegung und Weiterentwicklung der Umweltpolitik

Die Umweltpolitik ist Bestandteil der Unternehmenspolitik der Muster GmbH. Die Geschäftsleitung legt die Umweltpolitik des Unternehmens fest und formuliert sie in Form von Leitlinien. Bei Bedarf werden diese Leitlinien neuen Gegebenheiten angepaßt.

4.2 Bekanntgabe der Umweltpolitik

Die Umweltpolitik der Muster GmbH wird allen Mitarbeitern des Unternehmens durch die Hauszeitschrift bekannt gegeben. Betreiber genehmigungsbedürftiger Anlagen, Verantwortliche für umweltrelevante Einrichtungen und die Betriebsbeauftragten für Umweltschutz werden im Rahmen interner Ausbildungsmaßnahmen darüber hinaus über Hintergründe und Zielsetzungen informiert.

Erstellt von:	Datum:
Version: 1	Seite: 2 von 3

5   Mitgeltende Unterlagen

Anhang I, A. Umweltpolitik, -ziele und -programme	Öko-Audit-VO
Kap. 4.1 Umweltpolitik	ISO 14001
Anlage 1, Leitlinien der Umweltpolitik	Handbuch

Die Abkürzung »Öko-Audit-VO« bedeutet: Verordnung EWG Nr. 1836/ 93 des Rates vom 29. Juni 1993 über die freiwillige Beteiligung gewerblicher Unternehmen an einem Gemeinschaftssystem für das Umweltmanagement und die Umweltbetriebsprüfung.

Die Abkürzung »ISO 14001« bedeutet: Norm ISO 14001 Environmental Management Systems, specifications and core elements.

Leitlinien der Umweltpolitik

1 Die Muster GmbH betreibt den Schutz der Umwelt aus eigener Initiative und Verantwortung.

2 Alle relevanten Umweltrechtsnormen und behördlichen Auflagen werden eingehalten.

3 Wo immer möglich und wirtschaftlich vertretbar, wird der Umweltschutz an den Zielen einer nachhaltigen Wirtschaftsweise ausgerichtet.

4 Ein einheitlicher Umweltschutzstandard an allen Standorten wird angestrebt. Leistungen zur Reduzierung und Vermeidung von Umweltbelastungen werden kontinuierlich verbessert.

5 Die Umweltwirkungen jeder neuen Tätigkeit, jedes neuen Produktes und jedes neuen Verfahrens werden im voraus bewertet.

6 Das Umweltbewußtsein wird auf allen Ebenen des Unternehmens gefördert.

7 Die Öffentlichkeit und unsere Geschäftspartner erhalten alle Informationen, die sie zum Verständnis der von unseren Standorten ausgehenden Umweltbeeinträchtigungen benötigen.

....
Geschäftsleitung

Das Beispiel zeigt eine Minimalversion von Umweltleitlinien. Beachten Sie, daß die Leitlinien eine Verpflichtung zur Einhaltung der Umweltrechtsnormen enthalten müssen. Überlegen Sie sich genau, wie weit Sie mit den hier formulierten Selbstverpflichtungen gehen wollen. Weitgehende Verpflichtungen wie: »Wir verpflichten uns zu einem sparsamen Umgang mit Rohstoffen und Energien . . .« müssen Sie in der Praxis auch umsetzen können. Die in der Umweltpolitik formulierten Verpflichtungen müssen sich in Umweltprogrammen und der Umwelterklärung in Form von Daten und konkreten Angaben wiederfinden. Das prüft der Umweltgutachter. Hilfen zur Formulierung – quasi eine Maximalverpflichtung – gibt die Öko-Audit-Verordnung in Anhang I D, Gute Managementpraktiken.

2.1   Umweltauswirkungen

2.2   Gesetze und andere Vorschriften

2.3   Strategische Ziele und operative Vorgaben

2.4   Umweltschutzprogramm

1   Zweck
2   Anwendungsbereich
3   Verantwortlichkeiten
4   Regelungen
5   Mitgeltende Dokumente
     UVA 2.1, Erfassen, Dokumentieren und Bewerten

1 Zweck

Beurteilen der Umwelteinwirkungen aufgrund von Tätigkeit des Unternehmens und Führen eines Verzeichnisses der Einwirkungen, deren besondere Bedeutung festgestellt wurde.

Beispiel zur Begriffsdefinition: Die Emission aus einem Schornstein wirkt auf den nahegelegenen Wald ein (Einwirkung oder Beeinträchtigung) und stört dort evtl. das Wachstum von Nadelbäumen (Auswirkung). Da Auswirkungen von einem Unternehmen wohl kaum beurteilt werden können, beschränkt sich die Muster GmbH darauf zu untersuchen, welche Einwirkungen möglicherweise zu Auswirkungen führen könnten. Bekannt gewordene und offensichtliche Auswirkungen werden natürlich angegeben.

2 Anwendungsbereich

Gesamtes Unternehmen

3 Verantwortlichkeiten

Betriebsleiter, Betreiber, BfUM, Betriebsbeauftragte für Umweltschutz

4 Regelungen

Der Umweltausschuß bewertet mit Hilfe der in UVA 2.1 beschriebenen Methode – erstmalig im Rahmen des Aufbaus des Umweltmanagementsystems und später einmal jährlich oder bei besonderem Anlaß – die vom Standort ausgehenden Umweltbeeinträchtigungen nach Möglichkeiten und Wahrscheinlichkeiten Ihrer Umweltauswirkungen. Zu berücksichtigen sind:

Erstellt von:	Datum:
Version: 1	Seite: 2 von 3

❑ Schadstoffemissionen in die Luft und Gerüche
❑ Abwässer und Bodenkontaminationen
❑ Abfälle, besonders gefährliche Abfälle
❑ Lärm, Erschütterungen

Sollten Reduzierungs- und Vermeidungsmöglichkeiten entdeckt werden, die das Unternehmen beeinflussen kann, werden die nötigen Maßnahmen getroffen. Vorschläge unterbreiten die Betriebsbeauftragten für Umweltschutz.

5   Mitgeltende Unterlagen

Anhang I, B. 3 Auswirkungen auf die Umwelt   Öko-Audit-VO
Kap. 4.2.1 Umweltspezifische Aspekte   ISO 14001
UVA 2.1, Erfassen, Dokumentieren, Bewerten
    von Umweltauswirkungen   Handbuch

Erstellt von:	Datum:
Version: 1	Seite: 3 von 3

1 Zweck

Umweltbeeinträchtigungen sollen erkannt und bezüglich ihrer Auswirkungen beurteilt und minimiert werden. Über die vom Standort ausgehenden Umweltbelastungen soll ein Verzeichnis geführt werden.

2 Anwendungsbereich

Gesamtes Unternehmen

3 Verantwortlichkeiten

Betriebsleiter, Betreiber, BfUM, Bbf.

4 Anweisungen

4.1 Erfassung

Für das Sammeln und Erfassen aller tatsächlichen und möglichen Umweltbeeinträchtigungen, die Umweltauswirkungen verursachen können, dient die in Anlage 1 beschriebene Methode. Die ermittelten Umweltbeeinträchtigungen werden mit Hilfe der ABC-Analyse nach ihrem Gefährdungspotential für die Umwelt gewichtet. Einzuleitende Maßnahmen werden in das Umweltprogramm aufgenommen und überwacht. Mit Hilfe eines Stärken- und Schwächenprofils wird beurteilt, ob die getroffenen Umweltschutzmaßnahmen ausreichen.

4.2 Dokumentation

Bekannt gewordene Umweltauswirkungen werden in einer Liste aufgezeichnet und beschrieben. Die Aufzeichnung enthält Termin und Ort des Geschehens und zugehörige Untersuchungsergebnisse oder eigene Beurtei-

Erstellt von:	Datum:
Version: 1	Seite: 1 von 3

lungen. Aktualität und Korrektheit der Liste prüft der BfUM mindestens einmal jährlich.

4.3 Bewertung

Die Bewertung von Umwelteinwirkungen soll alle Aktivitäten, Produkte und Dienstleistungen des Unternehmens betreffen. Auswirkungen können sich ergeben aufgrund von:

❑ normalen Betriebsbedingungen
❑ abnormalen Betriebsbedingungen (einschließlich Anfahren und Herunterfahren)
❑ Vorfällen, Unfällen und möglichen Notfällen
❑ früheren, gegenwärtigen und geplanten Tätigkeiten.

Darüber hinaus sind zu berücksichtigen:

❑ kontrollierte und unkontrollierte Emission in die Atmosphäre
❑ kontrollierte und unkontrollierte Ableitungen in Gewässer oder Kanalisation
❑ feste und andere Abfälle, insbesondere gefährliche Abfälle
❑ Kontaminierungen von Erdreich
❑ Nutzung und Verbrauch von Boden, Wasser, Brennstoffen und Energie sowie anderen natürlichen Ressourcen
❑ Freisetzung von Wärme, Lärm, Geruch, Staub, Erschütterungen sowie optische Einwirkungen
❑ Auswirkungen auf bestimmte Teilbereiche der Umwelt und auf Ökosysteme.

Die Muster GmbH erfaßt und bewertet Umwelteinwirkungen nach der in Anlage 1 beschriebenen Methode.

Erstellt von:	Datum:
Version: 1	Seite: 2 von 3

4.4   Verhalten bei Schwierigkeiten

Schwierigkeiten können auftreten durch Verschärfung gesetzlicher Bestimmungen, durch behördliche Anordnungen oder aufgrund methodischer Fragen. In allen Fällen ist die nach § 52 a BImSchG benannte Person anzusprechen.

4.5   Reduzieren und Vermeiden

Die Leistungsfähigkeit bzw. die Wirkung einer Maßnahme zur Minimierung von Umwelteinwirkungen beurteilen die zuständigen Bbf soweit möglich. Sie schlagen Verbesserungsmöglichkeiten vor und legen diese den Entscheidungsträgern vor.

5   Mitgeltende Unterlagen

Anlage 1, Methode zur Erfassung und Bewertung   Handbuch
            von Umwelteinwirkungen
Anlage 2, Liste der Umwelteinwirkungen   Handbuch

Methode zur Erfassung und Bewertung von Umwelteinwirkungen

von Reiner Chrobok und Horst Ellringmann

Der Nutzen der vorgestellten Methode besteht in der systematischen, ganzheitlichen Wirkungsanalyse und Vorbereitung einer objektivierten Grundlage für die Kommunikation mit Behörden und Öffentlichkeit. Wenn Auswirkungen ermittelt wurden, ist nachvollziehbar, wie diese zustande kommen, was zu ihrer Reduzierung getan wird und warum sie ggf. nicht vermeidbar sind. Auch wenn keine Auswirkungen ermittelt wurden, kann diese Aussage begründet werden.

Definition der Begriffe Einwirkungen und Auswirkungen an einem Beispiel:

Ein Unternehmen betreibt eine Lackieranlage. Diese ist die **Ursache** für Emissionen in die Luft. Die Emissionen **wirken** auf eine nahegelegene Baumgruppe **ein**. Derartige Einwirkungen haben im Verbund mit Emissionen anderer Quellen und der Naturerscheinungen selbst Folgen. Diese Folgen werden als **Auswirkungen** bezeichnet. Die Emissionen **wirken sich aus,** z.b. durch Schädigung der Nadeln älterer Bäume. Auch der Nichtfachmann erkennt das **Ergebnis** der Auswirkung an der Gelbfärbung der Nadeln.

Die Wirkungskette ist komplex. Auswirkungen sind selten eindeutig auf einzelne Ursachen zurückzuführen. Aktiver Umweltschutz eines Unternehmens zwingt aber zu einer ganzheitlichen Analyse, die vernetzte Zusammenhänge sichtbar macht. Der dafür von der Muster GmbH vorgesehene Bewertungsvorgang hat mehrere Schritte:

1. Erfassen der Ursachen von Emissionen (Umweltbeeinträchtigungen)
2. Analysieren der Einwirkungen
3. Festlegen der in der Wirkungsanalyse weiter zu betrachtenden Einwirkungen
4. Vernetzungsanalyse
5. Beschreiben der von den ausgewählten Ursachen möglicherweise ausgehenden Einwirkungen und Auswirkungen
6. Beurteilen der Wirksamkeit existierender Schutzmaßnahmen und Festlegen zusätzlicher Maßnahmen
7. Beschreiben der Maßnahmen

1 Ursachen der Umweltbeeinträchtigungen erfassen

Um den Anspruch nach Vollständigkeit erfüllen zu können, muß ein von seiner Konstruktion her ganzheitlich arbeitendes Instrument verwendet werden. Da jedes Unternehmen mit den organisatorischen Elementen Aufgabe, Mensch, Sachmittel und Information vollständig beschrieben werden kann, benutzen wir das nachfolgend dargestellte Ishikawa-Diagramm (Abb. 1).

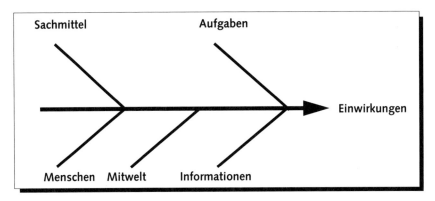

Abb. 1: Ishikawa-Diagramm

In der weiteren Analyse kommt es darauf an, die »Nebenäste« bzw. Gräten ebenfalls ganzheitlich zu analysieren. Um die Übersicht nicht zu verlieren, führen wir als Zwischenschritt die Einzelanalyse der Ursachengruppen durch. Die kreative Technik des Mindmapping liefert ein dafür geeignetes Darstellungsverfahren. Nachfolgend wird zu jeder Ursachengruppe mindestens ein Beispiel gezeigt.

Hauptzweig Aufgaben

Die Feingliederung der logischen Zeitabschnitte der Aufgabenarten am untersuchten Standort ergibt sich durch eine Kombination kreativer Assoziationen, einer darauf folgenden systematischen Aufgabenanalyse (empirisch für die Gegenwart, konzeptionell für die Zukunft) und einer Dokumentenanalyse aus dem eigenen Archiv. Diese Kombination aus kreativer und sy-

2

stematischer Arbeit garantiert nicht die geforderte Vollständigkeit, fördert sie jedoch ganz erheblich.

Die Dokumentation derartiger »Netzwerke« erlaubt es darüber hinaus jederzeit Dritten, Ergänzungen und Korrekturen anzubringen. Die Vollständigkeit kann sich daher im Laufe der Diskussion mit Dritten ergeben.

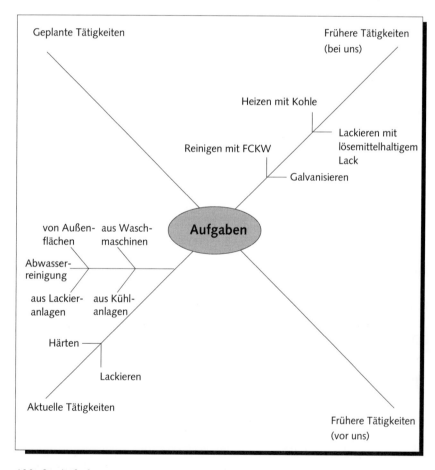

Abb. 2: Aufgaben

Hauptzweig Sachmittel

Die Ursachengruppe der Sachmittel läßt sich mit großer Sicherheit vollständig erfassen. Das Beispiel in Abb. 3 verdeutlicht, daß die Bewertung
der Einwirkungen unternehmensabhängig ist. Nicht jedes Unternehmen hat
einen Fuhrpark. Andere Unternehmen haben an einem Standort verschiedene »Maschinen-Gruppen«.

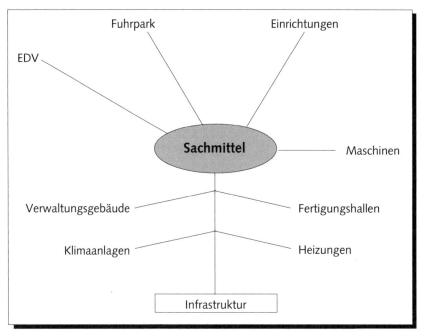

Abb. 3: Sachmittel

Hauptzweig Menschen

Die situative Abhängigkeit jeder Analyse setzt sich bei dem organisatorischen
Element »Mensch« fort. Ändern sich die Aufgaben, ändern sich auch die Anforderungen an die Menschen, die diese Aufgaben erfüllen sollen. Für einen
wirksamen Umweltschutz kommt es aber in jedem Fall darauf an, entsprechende Fähigkeiten und die Bereitschaft zum Umweltschutz mitzubringen.

4

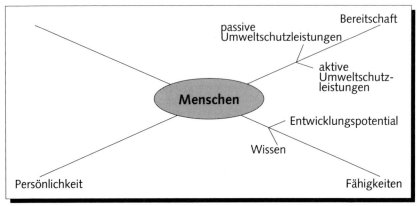

Abb. 4: Menschen

Hauptzweig Mitwelt

Bei der Ursachengruppe »Mitwelt« geht es um den »Umweltverbrauch« durch das Unternehmen, also (noch) nicht um das Ermitteln weiterer Einwirkungen auf betrachtete Objekte und bei ihnen verursachte Auswirkungen.

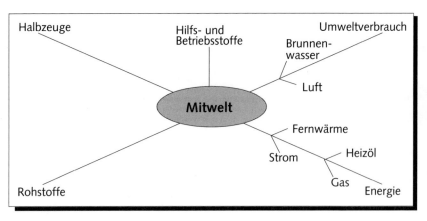

Abb. 5: Mitwelt

5

Hauptzweig Informationen

Das Mindmap der »Informationen« ist vollständiger als die anderen Beispiele ausgefüllt, weil es allgemeingültige Ergebnisse abbildet. Informationen werden als »zweckorientiertes Wissen« aufgefaßt. Was nicht Bestandteil des unternehmerischen Wissens ist, kann bei der Wirkungsanalyse nicht berücksichtigt werden.

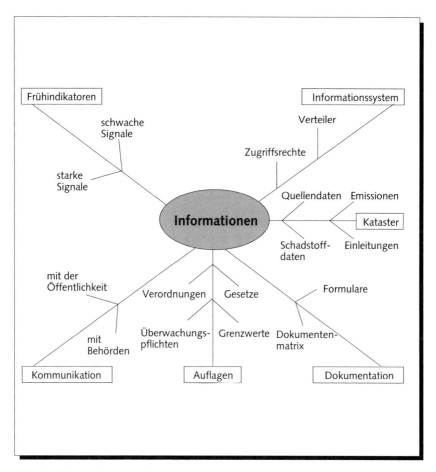

Abb. 6: Informationen

6

2 Analysieren der Einwirkungen

In der Analyse ermitteln wir den Anteil der betriebenen Anlagen und weiterer Ursachen aus unserem Standort (z. B. durch den früheren Betrieb anderer Anlagen) an den Einwirkungen. Dazu benutzen wir eine einfache Tabelle und übertragen dann die gewonnenen Erkenntnisse zur besseren Übersicht in eine A-B-C-Spalte (A, B und C als Gewichtungsgruppen).

Ursache \ Emission	ges. C mg/m^3	Phos* mg/l	CO_2 mg/m^3	SO_2 mg/m^3	NO_x mg/m^3	Gewicht A	B	C
Abwasser von Hofflächen	–	0,8	–	–	–		×	
Abwasser aus Kühlkreisläufen	–	0,2	–	–	–			×
Abwasser aus Lackieranlagen	–	0,4	–	–	–			×
Abwasser aus Waschmasch.	–	0,9	–	–	–			×
Abluft aus Lackieranlage 1	4	–	–	–	–			×
Abluft aus Lackieranlage 2	6	–	–	–	–			×
Abluft aus Lackieranlage 3	45	–	–	–	–		×	
Abluft aus Heizkraftwerk	1100		120	1100	140	×		

* Phosphor steht beispielhaft für viele andere wasserbelastende Stoffe

Abb. 7: Analyse der Anteile von Anlagen an Einwirkungen

Diese Tabelle muß mit Fachwissen erstellt und interpretiert werden. Man kann aus ihr ablesen, welche Ursachen zu den wichtigsten Emissionen führen. Daraus kann auf Einwirkungen geschlossen werden. Es gibt Ursachen, die nicht geändert werden können. So ist beispielsweise der Grund für den hohen Anteil der Lackieranlage 3 am gesamten Kohlenstoffausstoß (ges. C) und damit für die Eingruppierung in Spalte A, daß in dieser Anlage lösemittelhaltige Lacke verwendet werden müssen.

Mitarbeiter der Muster GmbH, die die hier beschriebene Methode anwenden, könnten glauben, daß eine derart aufwendige Betrachtung von Einwirkungen und Auswirkungen unsinnig ist, schließlich liegen alle in der Tabelle aufgeführten Werte innerhalb der gesetzlich zugelassenen Obergrenzen, die Emissionen **dürfen** also abgegeben werden. Hier greift aber die Intention der Öko-Audit-Verordnung, die ja mehr will, als Gesetze und Auflagen einzuhalten. Es geht um eigenverantwortliches Reduzieren und, wenn möglich, Vermeiden **aller** umweltbelastenden Emissionen und Abfälle. Zielsetzung des sustainable Development ist, die Erde für künftige Generationen zu erhalten und nicht die Umwelt heute bis an ihre Grenzen (die der Gesetzgeber nach unserem unzureichendem Wissen über Auswirkungen definiert) zu nutzen.

3   Festlegen weiterer in der Wirkungsanalyse zu betrachtender Ursachen

Die Beispiele machen deutlich, daß man bei vielen Ursachen nicht sofort entscheiden kann, ob Einwirkungen aus ihnen abgeleitet werden können. Das ist einer der Nutzeffekte der Beschäftigung mit ganzheitlichen Methoden: Man muß alle Aspekte überdenken, man übersieht wenig und man kann später sicher argumentieren!

Anhand der bisher durchgeführten Analysen können wir jetzt entscheiden, daß folgende Ursachen zu relevanten Einwirkungen führen können:

Hauptzweig	Ursache
Aufgaben	Abwasser reinigen
	Lackieren
	Reinigen mit FCKW (früher)
Sachmittel	Heizungen
Menschen	Persönlichkeitsstruktur von Mitarbeitern
Mitwelt	Heizölverbrauch Brunnenwasserentnahme
Information	Grenzwertüberschreitungen, Vernachlässigen von Überwachungspflichten

Abb. 8: Übersicht: Ursachen für relevante Einwirkungen

4   Vernetzungsanalyse

Das vorgestellte Zwischenergebnis macht einsichtig, daß bei einer realen Analyse die Ergebnisse so mächtig sind, daß die vernetzten Zusammenhänge verloren gehen können. Daraus entsteht die Gefahr, doch wieder in linearen Ursachen-Wirkungs-Zusammenhängen zu enden, obwohl mit einer ganzheitlichen Analyse begonnen wurde. Um dem ganzheitlichen Anspruch weiter folgen zu können und um Empfehlungen zu erstellen, was denn nun weiter detailliert untersucht werden muß, wenden wir die Vernetzungsanalyse an.

Die ermittelten Einzelursachen werden in eine Tabelle (siehe Abb. 9) eingetragen. Diese Tabelle wird zu einer Einflußmatrix, indem die Wirkung jeder Einzelursache auf alle anderen »gemessen« wird (mit Zahlenwerten von 0 für »kein Einfluß« bis 3 für »starken Einfluß«). Die Zeilensummen geben Auskunft über die Stärke des Einflusses der Einzelursache auf die Umwelteinwirkungen (Einflußstärke). Die Spaltensummen ergeben einen Hinweis, welche Einzelursachen die Faktoren aus dem eigenen Unternehmen stark beeinflussen (Beeinflußbarkeit).

von ＼ an									Σ Einfluß- stärke
Σ Beeinflußbarkeit									✕

Abb. 9: Einflußmatrix

Werden die Ergebnisse der Einflußanalyse in ein Koordinatensystem aus Einflußstärke (x-Achse) und Beeinflußbarkeit (y-Achse) übertragen, entsteht ein Handlungsportfolio:

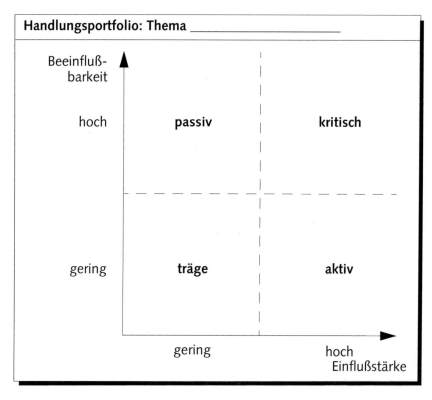

Handlungsportfolio: Thema _____

Abb. 10: Handlungsportfolio

Es gibt Hinweise auf die möglichen Handlungsansätze:

❑ Bei Einzelursachen, die sich als **träge Faktoren** im Portfolio herausstellen, können sehr schnell isolierte Erfolge erreicht werden. Da nur ein geringer Vernetzungsgrad besteht, sind unkalkulierbare Rückwirkungen ausgeschlossen. Die Wirksamkeit für das gesamte Unternehmen und den umfassenden Umweltschutz ist allerdings gering.

❑ Bei **passiven Faktoren** kann man nicht beginnen. Jede Aktivität kann sich durch die fortlaufend wirksamen Rückkopplungen als sinnlos erweisen.

❑ **Aktive Faktoren** werden nur schwach von Rückkopplungen beeinflußt. Hier besteht ein wirksamer Hebel zur Verbesserung des Umweltschutzes – ohne allzugroße Risiken.

❑ Bei den **kritischen Faktoren** sind unbeabsichtigte Nebenfolgen sehr wahrscheinlich, wenn die vernetzten Zusammenhänge nicht vollständig beherrscht werden.

5 Beschreiben der von den ausgewählten Ursachen möglicherweise ausgehenden Einwirkungen und Auswirkungen

Abwasser von Außenflächen: Der Hof des Lkw-Ladeplatzes ist nicht an das Kanalnetz angeschlossen. Sickergruben fangen das Regenwasser auf und leiten es in den Boden. Mit Regenwasser vermischte Ölreste werden nicht behandelt und können auf Dauer Grundwasserschäden hervorrufen.

Abluft aus Lackieranlagen: Jeder der vier Lackierstände hat einen maximalen Durchsatz von weniger als 25 Kilogramm Lösungsmitteln pro Stunde. Damit sind die Anlagen nicht genehmigungsbedürftig. Die Abluft ist mit Schadstoffen belastet, die unterhalb der Grenzwerte der TA Luft liegen. Trotzdem entstehen geringe Geruchsbelästigungen in der Nachbarschaft (überwiegend Werkswohnungen) und möglicherweise auch Belastungen für die Bäume im benachbarten Park. Sichtbare Auswirkungen sind bisher nicht aufgetreten.

Abluft aus Heizung: Das eigene Heizkraftwerk arbeitet mit Heizöl. Bei Tiefdruck und Inversionswetterlage führen die innerhalb der Grenzwerte liegenden, aber doch mit Schadstoffen und Staub belasteten Abgase zur Belästigung der sich in der Umgebung aufhaltenden Menschen. Die SO_2 und NO_x-Anteile der Abgase schädigen wahrscheinlich auch die Bäume des benachbarten Parks. Sichtbare Auswirkungen wurden bisher nicht registriert.

Diese Ausführungen sollten genügen, um klar zu machen, daß die Analyse ein Nachdenken und Abwägen anstößt, das ohne die Methodenunterstützung kaum so intensiv und systematisch möglich wäre.

6 Beurteilen der Wirksamkeit existierender Schutzmaßnahmen und Festlegen zusätzlicher Maßnahmen

In diesem Schritt wird untersucht, ob die getroffenen Schutzmaßnahmen ausreichen, um Auswirkungen zu vermeiden. Ist das nicht der Fall, werden weitere Schutzmaßnahmen vorgeschlagen.

Ursache	Existierende Schutzmaßnahmen	Zusätzlich erforderliche Schutzmaßnahmen
Abwasser von Hofflächen	keine	Koaleszenzabscheider installieren
Abwasser aus Kühlkreisläufen	Das nicht mehr im Kreislauf geführte Kühlwasser wird vor seiner Einleitung in die Kanalisation in der Emulsionsspaltanlage gereinigt.	keine
Abwasser aus Lackieranlagen	Reduzieren in einem Verdampfer und Entsorgen als Sonderabfall	Lackschlamm dem Lackhersteller zur Wiederaufbereitung zuführen, Umstellung auf Wasserlacke sobald wie möglich.
Abwasser aus Waschmaschinen	Reinigen in der Emulsionstrennanlage und Einleiten in die Kanalisation	Zur Kostenreduzierung anderes – nicht-chemisches – Reinigungsverfahren einsetzen.
Abluft aus Lackieranlagen	Reduzieren durch Verbesserung des Lackierverfahrens	Wasserlacke einsetzen
Abluft aus Heizkraftwerk	Filteranlage im Abgasstrom	Brenner auf Gas umstellen

Abb. 11: Schutzmaßnahmen

7   Beschreiben der Maßnahmen

Die in Schritt 6 genannten Schutzmaßnahmen werden in das Umweltprogramm übertragen. Dort sind die Maßnahmen zur Reduzierung oder Vermeidung von Umweltbeeinträchtigungen beschrieben und mit Daten zu Verantwortlichen, Mitteln und Terminen versehen.

Liste der Umwelteinwirkungen

Bisher wurde nicht festgestellt, daß die vom Standort ausgehenden Umweltbeeinträchtigungen zu Auswirkungen auf Flora und Fauna führten. Auswirkungen auf Menschen (Nachbarn) können aufgrund der Lage des Standorts ausgeschlossen werden.

Bereich Luft

Lackieranlagen:

Emissionen im Abgas	Grenzwert	Ist gemäß Messung am 1. 4. 95
– Staub	$5,0 \text{ mg/m}^3$	$1,6 \text{ mg/m}^3$
– Kohlenmonoxid	$100,0 \text{ mg/m}^3$	$11,0 \text{ mg/m}^3$
– Stickstoffoxide	100,0	78,0
– Organische Stoffe	310,0	49,2

Feuerungsanlagen:

	Grenzwert	Ist gemäß Messung am 13. 6. 95
– Staub,	$50,0 \text{ mg/m}^3$	$2,9 \text{ mg/m}^3$
– Stickoxide NO_2,	400,0	374,0
– Kohlenmonoxid,	100,0	96,0
– Gesamt Kohlenstoff,	10,0	1,0

Die kontinuierlichen Meßeinrichtungen wurden geprüft und für funktionstüchtig befunden.

Bereich Abfall

Keine Beeinrächtigungen, da Abfälle nicht gelagert werden. Die zur Entsorgung bereitgestellten Abfälle werden in vorschriftsmäßigen Behältnissen aufbewahrt.

Bereich Boden

Keine Beeinträchtigungen. Altlasten existieren nicht.

Bereich Abwasser

Keine Beeinträchtigungen. Alle belasteten Produktionsabwässer werden in der zentralen Behandlungsanlage gereinigt und in die Kanalisation eingeleitet. Bäche, Flüsse oder Seen werden durch den Standort nicht belastet.

	Grenzwert	Ist gemäß Messung am 1. 4. 95
Temperatur	35°C	19,6
pH-Wert	6–9,5	7,9
organische Lösemittel	5 mg/l	0,24
Kohlenwasserstoffe	20 mg/l	0,58
Aox	1 mg/l	0,03
usw.		

Oberflächen-Abwasser von den Hofflächen, das möglicherweise durch Tropfverluste parkender LKW verunreinigt ist, wird durch Ölabscheider geführt und ebenfalls in die Kanalisation eingeleitet.

Gefahrguttransporte

Keine Beeinträchtigungen.

1 Zweck
2 Anwendungsbereich
3 Verantwortlichkeiten
4 Regelungen
5 Mitgeltende Unterlagen
   UVA 2.2, Dokumentation und Pflege von Rechtsnormen

1 Zweck

Erfassen von Rechtsnormen und anderen Vorschriften, Erkennen ihrer Relevanz für das Unternehmen und Beschreiben des sich daraus ergebenden Handlungsbedarfs.

2 Anwendungsbereich

Gesamtes Unternehmen

3 Verantwortlichkeiten

Beauftragte für Immissionsschutz, Gewässerschutz, Abfall und Gefahrguttransport sowie die Betreiber genehmigungsbedürftiger Anlagen und umweltrelevanter Einrichtungen. Die genannten Personen legen gemeinsam den Verteiler der über Neuerungen zu informierenden Stellen fest.

4 Regelungen

Die Verfahrensanweisung UVA 2.2 regelt die Abläufe bei Erfassen, Aktualisieren, Beschreiben und Bekanntgeben von Rechtsnormen und anderen Vorschriften.

Jeder Mitarbeiter kann die Vorschriften- und Rechtsnormen-Ablage bei dem BfUM und den Bbf einsehen.

5 Mitgeltende Unterlagen

Anhang I, B 3 Verzeichnis der Rechtsvorschriften   Öko-Audit-VO
4.2.2 Rechtliche und andere Anforderungen   Norm ISO 14001
UVA 2.2, Dokumentation und Pflege von Rechtsnormen Handbuch

Erstellt von:	Datum:
Version: 1	Seite: 2 von 2

1 Zweck

Erfassen von Rechtsnormen und anderen Vorschriften, Erkennen ihrer Relevanz für das Unternehmen und Beschreiben des sich daraus ergebenden Handlungsbedarfs.

2 Anwendungsbereich

Gesamtes Unternehmen

3 Verantwortlichkeiten

Die Bbf zusammen mit den Betreibern genehmigungsbedürftiger Anlagen und den Verantwortlichen für umweltrelevante Einrichtungen und Tätigkeiten ermitteln die für die Muster GmbH relevanten Rechtsnormen und kommentieren den sich daraus ergebenden Handlungsbedarf.

4 Anweisungen

4.1 Erfassen der relevanten Rechtsnormen

Welche Umweltschutz-Vorschriften (Gesetze, Verordnungen, Technische Regeln, Normen) für die Muster GmbH relevant sind, wird mit Hilfe von Gesetzesblättern, Verbandsmitteilungen und Fachzeitschriften ermittelt. Jeder Betriebsbeauftragte ermittelt die für sein Zuständigkeitsgebiet relevanten Rechtsnormen. Auch die Planung von Investitionen oder neuen Prozessen ist auf Veranlassung des jeweiligen Betreibers mit der aktuellen und der zu erwartenden Rechtslage »abzustimmen«.

Die Bbf und der BfUM sind in die jährliche Investitionsplanung einbezogen. Die der Geschäftsleitung vorzulegenden Investitionspläne müssen von den Beauftragten gegengezeichnet werden.

Erstellt von:	Datum:
Version: 1	Seite: 1 von 3

4.2 Beschaffen

Die als relevant erkannten oder vermuteten Vorschriften beschafft die Rechtsabteilung in Zusammenarbeit mit den Bbf im Volltext, der BfUM sorgt für die geordnete Ablage. Alle Mitarbeiter des Unternehmens haben Zugang zu dieser Ablage.

4.3 Kommentieren

Die relevanten Rechtsnormen werden bezüglich des sich für die Muster GmbH daraus ergebenden Handlungsbedarfs von den Betriebsbeauftragten und den zuständigen Betreibern ausgewertet. Der Handlungsbedarf wird so beschrieben, daß auch die in Umweltrecht nicht ausgebildeten betrieblichen Fach- und Führungskräfte verstehen, was zu tun ist (siehe Anlage 2 zu dieser UVA).

4.4 Verteilen von Rechtsnormen und Kommentaren

Gesetzesblätter etc. (nicht bearbeitete Texte) kopiert der BfUM und verteilt sie an die Betriebsbeauftragten. Beschreibungen des Handlungsbedarfs geben die Betriebsbeauftragten an den BfUM, der sie prüft und an die Betreiber und verantwortlichen Personen verteilt.

4.5 Interne Vorschriften

Umweltrelevante Organisationsrichtlinien, interne Normen und andere interne Vorschriften unterliegen den in Kap. 3.5 beschriebenen Änderungs- und Verteilungsregelungen.

5 Mitgeltende Unterlagen

Anhang I, B. 3 Verzeichnis von Rechtsvorschriften	Öko-Audit-VO
4.2.2 Rechtliche und andere Anforderungen	Norm ISO 14001
Anlage 1, Übersicht der für die Muster GmbH relevanten Rechtsnormen und Richtlinien	Handbuch
Anlage 2, Handlungsbedarf aus relevanten Rechtsnormen und Richtlinien	Handbuch
Anlage 3, Ermitteln relevanter Rechtsnormen und Beschreiben des Handlungsbedarfs	Handbuch

Übersicht der für die Muster GmbH relevanten Rechtsnormen und Richtlinien

Anlage 2 beschreibt den Handlungsbedarf zu den hier aufgeführten Rechtsnormen und Richtlinien.

1 Bund	2 Land	3 Kreis	4 Kommune
1 Medienübergreifend			
1.1.1 StatistikG	1.2.1 Landes-StatistikG	keine	keine
1.1.2 UmweltauditG			
1.1.3 InformationsG			
1.1.4 UmwelthaftungsG			
1.1.5 OrdWidrigkeitenG			
1.1.6 Strafrecht			
1.1.7 Zivilrecht			
2 Immissionsschutz			
2.1.1 BImSchG	2.2.1 SmogV	keine	Energieregelungen
2.1.2 erste BImSchV	2.2.2 VwV zu BImSchG		
2.1.3 zweite BImSchV			
2.1.4 vierte BImSchV			
2.1.5 fünfte BImSchV			
2.1.6 neunte BImSchV			
2.1.7 zwölfte BImSchV			
2.1.8 einundzw. BImSchV			
2.1.9 TA Luft			
2.1.10 TA Lärm			
2.1.11 TRB 600, 610			
2.1.12 TRB 801, 852			
2.1.13 *weitere* TR			
2.1.20 § 24 GewO			
2.1.21 DruckbehälterV			

$\rightarrow$

1 Bund	2 Land	3 Kreis	4 Kommune
2 Immissionsschutz			
2.1.22 FCKW-VerbotsV			
2.1.23 PCB VerbotsV			
3 Gewässerschutz			
3.1.1 WHG	3.2.1 LandesWG	keine	Satzung über öffentliche Abwasserbeseitigung
3.1.2 RahmenAbwVwV	3.2.2 IndirekteinleiterV		
	3.2.3 EigenkontrollV		
	3.2.4 VAwS		
4 Abfall			
4.1.1 AbfG	4.2.1 LandesAbfG	4.3.1 Abfallsatzung	keine
4.1.2 TA Abfall	4.2.2 AbfallandienungsV	4.3.2 Allgemeinverfügungen	
4.1.3 AbfBestV	4.2.3 AbfAbgabenges.		
4.1.4 RestBestV	4.2.4 VO zu Abfallbilanz		
4.1.5 AbfRestÜberwV			
4.1.6 AbfVerbrV			
4.1.7 AbfBeauftrV			
4.1.8 AltölV			
5 Gefahrgut			
5.1.1 GefahrgutG	keine	keine	keine
5.1.2 GGVS/ADR			
5.1.2 GGVE			
5.1.3 GGVSee			
5.1.4 GGVLuft			
5.1.5 GGAusnahmeV			
5.1.6 Gefahrgutbeauftr.V			
5.1.7 RS 001 zur GGVS			

$\longrightarrow$

1 Bund	2 Land	3 Kreis	4 Kommune
5 Gefahrgut			
5.1.8 TRS 005 zur GGVS			
6 Chemikalien			
6.1.1 ChemG	keine	keine	keine
6.1.2 GefStoffV			
6.1.3 VbF			
6.1.4 FCKW- Halon VerbV			
6.1.5 TRGS 200			
6.1.6 TRgA 400 ff.			
6.1.7 TRGS 503			
6.1.8 TRGS 507			
6.1.9 TRGS 515			
6.1.10 TRGS 555			
7 Sicherheit			
7.1.1 TRB 801			
7.1.2 TRgF 100			
7.1.3 TRgF 110			
7.1.4 TRbF 111, 212			
7.1.5 Arbeitssicher- heitsG			
7.1.6 Gerätesicher- heitsG			

3

Handlungsbedarf aus relevanten Rechtsnormen und Richtlinien

Rechtsnorm	Stand*	Regelungs-schwerpunkte	Bedeutung für die Muster GmbH
1 Medienübergreifend			
1.1.1 UmweltstatG	26. 3. 91	Zum Zweck der Umwelt-planung erhebt der Bund (Stat. Bundesamt) Daten über Umweltbelastun-gen und -schutzmaß-nahmen.	Die Muster GmbH hat folgende Da-ten zu liefern: – zur Abfallbeseitigung – zu Unfällen bei der Lagerung was-sergefährdender Stoffe – zu Unfällen beim Gefahrguttrans-port – zu Umweltschutzinvestitionen Die zu liefernden Daten werden in den Katastern des UM geführt.
1.1.2 Umwelt-auditgesetz (UAG)		Umsetzung der EU-Öko-Audit-Verordnung in deutsches Recht	Da die Muster GmbH die Umsetzung des UAG entschieden hat, ist das Ge-setz wie bindendes Recht anzusehen.
1.1.3 Gesetz über den freien Zugang zu Umwelt-informationen	8. 7. 94	Jeder Bürger der Euro-päischen Union hat das Recht, bei einer mit Um-weltschutzaufgaben be-trauten Behörde die dort vorhandenen Informa-tionen über die Umwelt einzusehen.	Personen, die sich für den Umwelt-schutz eines Standorts der Muster GmbH interessieren, können gegen Entrichtung einer Gebühr bei den städtischen und Landes-Umweltbe-hörden und dem Landkreis Daten an-fordern. Sind bei der Behörde keine Daten über den Umweltschutz des in-teressierenden Standorts vorhanden, kann die Behörde diese bei der Mu-ster GmbH anfordern.
1.1.4 Umwelthaf-tungsgesetz (UHG)	10. 12. 90	Für Anlagen, die im An-hang 1 des UHG aufge-führt sind, gilt die ver-schuldensunabhängige Gefährdungshaftung.	Die Muster GmbH betreibt derzeit keine dem UHG unterliegenden Anla-gen. Sollte das künftig der Fall sein, haftet sie für Schäden, die von ihren Anlagen ausgehen, bis zu einer Höhe von 160 Mio. DM.

* zu diesem Termin inkraftgetreten

→

Rechtsnorm	Stand*	Regelungs-schwerpunkte	Bedeutung für die Muster GmbH
1 Medienübergreifend			
1.1.5 Ordungswid-rigkeitengesetz (OWiG)	1. 11. 94	Das OWiG legt die Ahndung von Fehlverhalten fest. Im Gegensatz zum Strafrecht können auch juristische Personen bestraft werden.	Gemäß § 130 OWiG handeln Inhaber, Bevollmächtigte, Prokuristen oder Personen, die beauftragt sind, einen Betrieb oder Teile davon zu leiten, ordnungswidrig, wenn sie ihre Aufsichtspflicht verletzen. Diese Pflichtverletzung kann mit einer Geldbuße bis zu 1 Mio. DM geahndet werden. Aufsichtspflichten sind das Einsetzen von Aufsichtspersonen und die Organsiation betrieblicher Abläufe.
1.1.6 Strafrecht	27. 6. 94	Im 28. Abschnitt regelt das Gesetz die Ahndung von Straftaten gegen die Umwelt.	Von besonderer Bedeutung sind § 324 »Verunreinigung eines Gewässers«, § 325 »Luftverunreinigung und Lärm«, § 326 »Umweltgefährdende Abfallbeseitigung«, § 327 »Unerlaubtes Betreiben von Anlagen«, § 329 »Gefährdung schutzbedürftiger Gebiete«, § 330 »Schwere Umweltgefährdung«.
1.1.7 Zivilrecht	31. 1. 89	Regelt u.a. die Haftung für verursachte Schäden	Für die Muster GmbH sind relevant: – § 828 Schadensersatzpflicht – § 906 Zuführung unwägbarer Stoffe – § 907 Gefahrdrohende Anlagen – § 1004 Beseitigungs- und Unterlassungsanspruch
2 Immissionsschutz			
2.1.1 Bundes-immissionsschutz-gesetz	15. 3. 90	Leitgesetz zum Schutz vor schädlichen Umwelteinwirkungen durch Luftverunreinigungen, Geräusche, Erschütterungen und ähnliche Vorgänge.	– Bestellen einer Person nach § 52 a – Bestellen von Betriebsbeauftragten – Delegieren von Betreiberpflichten – Beantragen von Betriebsgenehmigungen – Mitteilen von Änderungen an genehmigungspflichtigen Anlagen

* zu diesem Termin inkraftgetreten

$\longrightarrow$

2

Rechtsnorm	Stand*	Regelungs- schwerpunkte	Bedeutung für die Muster GmbH
		2 Immissionsschutz	
2.1.2 Erste BlmSchV	15. 7. 88	Anforderungen an Brennmaterial und technische Ausstattung von Feuerungsanlagen	Bei Feuerungsanlagen (Heizungen) mit einer Leistung von 4 bis 50 kW darf der CO_2-Anteil 10 bis 12% des Volumenstroms nicht überschreiten.
2.1.3 Zweite BlmSchV	10. 12. 90	Verbot der Nutzung von FCKW, Regelung der Emissionsbegrenzung von Per	- FCKW dürfen nicht mehr verwendet werden - CKW sollen schnellstmöglich ersetzt werden
2.1.4 Vierte BlmSchV	24. 3. 93	Auflistung der genehmigungspflichtigen Anlagen	Genehmigungbedürftige Anlagen im Regelungsbereich des BlmSchG sind: – Strahlanlage – Lackieranlage neu
2.1.5 Fünfte BlmSchV	30. 7. 93	Voraussetzungen für die Bestellung von Immissionsschutzbeauftragten, Anforderungen an Betriebsbeauftragte für Immissionsschutz	Die Muster GmbH muß einen Betriebsbeauftragten für Immissionsschutz **nicht** bestellen. Eine Person, die die Aufgaben eines Betriebsbeauftragten für Immissionsschutz wahrnimmt, ist **freiwillig** eingesetzt.
2.1.6 Neunte BlmSchV	20. 4. 93	Genehmigungsverfahren	Bei Neuanlagen und Änderungen beachten
2.1.8 Einundzwanzigste BlmSchV	7. 10. 92	Reduzieren von Kohlenwasserstoffemissionen beim Betanken von Fahrzeugen mit Ottokraftstoffen	Ausrüsten der Zapfpistolen mit Rückhalteeinrichtungen
2.1.9. TA Luft	27. 2. 86	Enthält alle technischen Vorschriften für das Messen von Luftbelastungen und die Luftreinhaltung	- Überwachen der Abluft aus Lackieranlagen - Messen der Luftbelastung durch die Strahlanlagen
2.1.10 TA Lärm	6. 7. 68	Enthält alle techn. Vorschriften für das Messen von Schallquellen und die Lärmvermeidung	Messen der Schallquellen an ausgewiesenen Stellen des Betriebsgeländes
* zu diesem Termin inkraftgetreten			

$\rightarrow$

Rechtsnorm	Stand*	Regelungs-schwerpunkte	Bedeutung für die Muster GmbH
		3 Gewässerschutz	
3.1.1 Wasser-haushaltsG	26. 8. 92	Leitgesetz zur Ordnung des Wasserhaushalts, Erlaubnis und Bewilligung für die Gewässerbenutzung	- Umgang mit wassergefährdenden Stoffen gemäß § 19 - Bestellen von Betriebsbeauftragten gem. § 21 - Wasserentnahme aus Brunnen
3.1.2 VwV Wassergefährdende Stoffe	11. 12. 92	Katalog wassergefährdender Stoffe mit Einstufung in Wassergefahrenklassen	Die Anhänge 40 und 49 enthalten Werte, die zwar für die Einleitung in Gewässer dienen, aber zunehmend auch für unsere Indirekteinleitungen herangezogen werden.
3.2.1 Landeswassergesetz	26. 6. 90	Benutzung von Gewässern	wie WHG
3.3.1 Entwässerungssatzung		Ableiten von Oberflächen-, Sanitär- und schadstoffbelasteten Abwässern	Die vorgebebenen Grenzwerte für unsere Abwassereinleitung müssen eingehalten werden.
3.1.3 VAwS	16. 9. 93	Schutzvorschriften für den Umgang mit Anlagen und Einrichtungen, in denen wassergefährdende Stoffe gehandhabt werden.	- Schaffen von Schutzvorrichtungen bei der Gefahrstofflagerung - Beachten von Schutzvorschriften beim Ab- und Umfüllen wassergefährdender Stoffe - Bauartzulassung von Tanks und Auffangeinrichtungen
3.2.2 Hessische IndirekteinleiterV	20. 12. 90	Begrenzung der Einleitung gefährlicher Stoffe in die Kanalisation	Betroffen sind - alle Einleitstellen - alle Leichtflüssigkeits- und Fettabscheider
		u.s.w.	
		4 Abfälle, Reststoffe	
4.1.1 Kreislaufwirtschaftsgesetz		Ablösung des AbfG. Leitgesetz zur Vermeidung, Verwertung und Entsorgung von Abfällen nach der Zielsetzung einer Kreislaufführung von Stoffen und Materialien	*Fortsetzen wie oben*

* zu diesem Termin inkraftgetreten

$\rightarrow$

4

Rechtsnorm	Stand*	Regelungs-schwerpunkte	Bedeutung für die Muster GmbH
		4 Abfälle, Reststoffe	
4.1.2 RestÜberwV	3. 4. 90	Festlegen besonders überwachungsbedürfti-ger Reststoffe durch Reststoffkatalog	
4.1.3 AbfBestV	3. 4. 90	Festlegen besonders überwachungsbedürfti-ger Abfälle durch Abfall-artenkatalog	
4.1.4 TA Abfall	12. 3. 91	Festlegen der Anforde-rungen an Lagerung, Ablagerung, Verbren-nung und chemisch-physikalisch-biologische Behandlung von beson-ders überwachungsbe-dürftigen Stoffen in Zwi-schenlagern, Behand-lungsanlagen und Depo-nien, Definition des Stands der Technik	
4.1.5 VerpackV	12. 6. 91	Stufenweise Rücknah-meverpflichtung bei Her-stellern und Vertreibern von Transport-, Ver-kaufs- und Umverpak-kungen, Gewährleistung einer stofflichen Verwer-tung außerhalb der öf-fentlichen Abfallentsor-gung.	
4.1.6 AbfBeaufV	26. 10. 77	Regelung der Bestel-lungsvoraussetzungen, Pflichten und Befugnisse des AbfB	
* zu diesem Termin inkraftgetreten			

→

Rechtsnorm	Stand*	Regelungs-schwerpunkte	Bedeutung für die Muster GmbH
4 Abfälle, Reststoffe			
4.1.7 AltölV	29. 10. 87	Regelung der Vorausset- zungen zur Wiederauf- bereitung des Altöls so- wie die Informations- und Aufklärungspflich- ten beim Verkauf von ölen.	
4.1.8 HKW AbfV	23. 10. 89	Regelung der Entsor- gung gebrauchter halo- genierter Lösungsmittel: getrennte Haltung, Ver- mischungsverbote, Rücknahmeverpflichtun- gen, Kennzeichnungs- pflichten etc.	
* zu diesem Termin inkraftgetreten			
5 Gefahrgüter-Transport			
5.1.1 Gefahrgut- gesetz	6. 8.75	Transport gefährlicher Güter auf öffentlichen und werkinternen Ver- kehrswegen	
5.1.2 GefahrgutV Straße	26. 11. 93	Zulassung zur Beförde- rung, Zuständigkeiten, Schutzvorschriften	
5.1.3 Gefahrgut- beauftragtenV	12. 12. 89	Anforderungen, Rechte, Pflichten	
5.1.4 Gefahr- gutausnahmeV	23. 6. 93	Enthält Ausnahmerege- lungen	
6 Gefahrstoffe			
6.1.1 Chemikalien- gesetz	5. 6. 91	Leitgesetz zur Herstel- lung von Gefahrstoffen	
6.1.2 GefstoffV	26. 10. 93	Inverkehrbringen und Handhaben gefährlicher Stoffe und Zubereitun- gen, Einstufung gefährli- cher Stoffe, Kennzeich- nungspflichten	
* zu diesem Termin inkraftgetreten			

$\rightarrow$

Rechtsnorm	Stand*	Regelungs-schwerpunkte	Bedeutung für die Muster GmbH
		6 Gefahrstoffe	
6.1.3 PCB VerbotsV	14. 10. 93	Verbot von Herstellung und Inverkehrbringen	
6.1.4 Vbrennbare Flüssigkeiten	27. 2. 80	Lagerung, Abfüllung und Beförderung brennbarer Flüssigkeiten	
6.1.5 TRGS 200 Kennzeichnung		*fortsetzen wie oben*	
6.1.6 TRGS 514/ 515 Lagerung			
6.1.7 TRGS 555 Betriebsanweis.			
6.1.8 TRGS 900 Luft am Arbeitspl.			
6.1.9 TRGS 503			
		7 Sicherheit	
7.1.1 Gerätesicher-heitsG	23. 10. 92	Inverkehrbringen techn. Arbeitsmittel, Vorschriften für überwachungs-bedürftige Anlagen	
7.1.2 Arbeitssicher-heitsG			
7.1.3 Arbeitsstät-tenV			

* zu diesem Termin inkraftgetreten

7

Genehmigungsbescheide, Auflagen, Meßergebnisse

Bescheid	vom	Bezug zu Rechtsnorm	Auflagen / Messungen
Strahlanlage	28. 2. 92	§§ 4. 19 BlmSchG 4. BlmSchV Anhang Nr. 3.20 Spalte 2	Auflagen: - An der Strahlanalge beschäftig- tes Personal muß Helm und Schutzkleidung tragen. - Der bei Strahlarbeiten entste- hende Staub ist abzusaugen. - Die Lärm-Immission darf nicht höher als 65 dB(A) bei Tag und 50 db(A) bei Nacht sein. - Im Abgas enthaltener Staub darf 20 mg/m^3 nicht über- schreiten. - TRGS 503 und VBG 48 sind zu beachten. Messung: 1.5.94. Staubgehalt in der Luft < 2 g/m³

Nach diesem Muster sollten die behördlichen Auflagen aus Genehmigungs-
bescheiden aufgelistet werden. Erst dann ist die Aufstellung gesetzlicher
Verpflichtungen vollständig.

Ermitteln relevanter Rechtsnormen und Beschreiben des Handlungsbedarfs

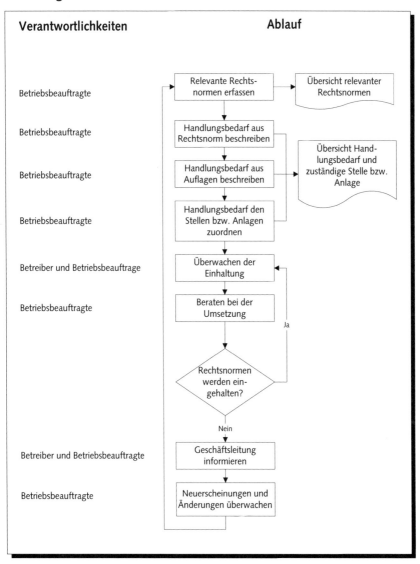

Verantwortlichkeiten | Ablauf

Betriebsbeauftragte — Relevante Rechtsnormen erfassen — Übersicht relevanter Rechtsnormen

Betriebsbeauftragte — Handlungsbedarf aus Rechtsnorm beschreiben

Betriebsbeauftragte — Handlungsbedarf aus Auflagen beschreiben — Übersicht Handlungsbedarf und zuständige Stelle bzw. Anlage

Betriebsbeauftragte — Handlungsbedarf den Stellen bzw. Anlagen zuordnen

Betreiber und Betriebsbeauftrage — Überwachen der Einhaltung

Betriebsbeauftragte — Beraten bei der Umsetzung — Ja

Rechtsnormen werden eingehalten?

Nein

Betreiber und Betriebsbeauftragte — Geschäftsleitung informieren

Betriebsbeauftragte — Neuerscheinungen und Änderungen überwachen

1

Erstellt von:	Datum:
Version: 1	Seite: 1 von 3

1   Zweck

Ableiten operativer Vorgaben aus den Leitlinien der Umweltschutzpolitik, um die Umweltschutzleistungen des Unternehmens durch geeignete Maßnahmen ständig verbessern zu können.

2   Anwendungsbereich

Gesamtes Unternehmen

3   Verantwortlichkeiten

Die Geschäftsleitung gibt strategische Ziele vor. Die Bereichsleiter und Betriebsleiter, unterstützt vom BfUM und den Bbf, setzen die Ziele in operative Vorgaben um.

4   Regelungen

4.1   Festlegen von Zielen

Ziele werden aus den Leitlinien der Umweltpolitik ebenso abgeleitet wie aus erkannten Abweichungen und Mängeln. Ständiges Aktualisieren der Ziele dient dem kontinuierlichen Verbesserungsprozeß, der darauf abzielt, »die Umweltauswirkungen in einem solchen Umfang zu verringern, wie es sich mit der wirtschaftlich vertretbaren Anwendung der besten verfügbaren Technik erreichen läßt« (Zitat aus der Öko-Audit-Verordnung).

4.2   Umsetzen von Zielen

Das wichtigste Instrument zur Operationalisierung von Umweltzielen ist das Umweltprogramm, in dem konkrete Maßnahmen festgelegt werden. Der BfUM führt mindestens einmal im Jahr eine Sitzung des Umweltaus-

Erstellt von:	Datum:
Version: 1	Seite: 2 von 3

schusses (der um Mitarbeiter betroffener Abteilungen erweitert sein kann) durch, in der das neue Umweltschutzprogramm vorgeschlagen und das laufende auf korrekte Erfüllung geprüft wird.

5 Mitgeltende Unterlagen

Artikel 1, Artikel 3   Öko-Audit-VO
4.2.3 Zielsetzungen und Ziele   Norm ISO 14001

1   Zweck
2   Anwendungsbereich
3   Verantwortlichkeiten
4.   Regelungen
4.1   Entwickeln von Umweltschutzprogrammen
4.2   Überwachen von Umweltschutzprogrammen
4.3   Bekanntmachen von Umweltschutzprogrammen
5   Mitgeltende Unterlagen
     Anlage 1, Übersichtsformular Umweltschutzprogramm
     Anlage 2, Projektblatt zum Umweltschutzprogramm

Erstellt von:	Datum:
Version: 1	Seite: 1 von 4

1　Zweck

Formulieren von Maßnahmen zur Realisierung der umweltpolitischen Unternehmensziele.

2　Anwendungsbereich

Gesamtes Unternehmen

3　Verantwortlichkeiten

Für das Erstellen und Pflegen der Umweltschutzprogramme sind der BfUM und die Bbf zuständig. Sie erarbeiten Vorschläge und legen diese den Betreibern und dem für Umweltschutz zuständigen Mitglied der Geschäftsleitung zur Entscheidung vor. Für das Koordinieren von Umweltschutzprogrammen ist der Umweltausschuß zuständig.

4　Regelungen

4.1　Entwickeln von Umweltschutzprogrammen

Umweltschutzprogramme werden für jeden Geschäftsbereich entwickelt, durchgeführt und überwacht. Über die Realisierung der Programme entscheidet die Geschäftsleitung.

Bei der Festlegung des Umweltprogramms sind folgende Gesichtspunkte zu berücksichtigen:

❑ Beurteilen, Kontrollieren und Verringern der Auswirkungen der betreffenden Tätigkeit auf die verschiedenen Umweltbereiche
❑ Energiemanagement, Energieeinsparungen und Auswahl von Energiequellen

Erstellt von:	Datum:
Version: 1	Seite: 2 von 4

- ❏ Bewirtschaften, Einsparen, Auswählen und Transportieren von Rohstoffen; Wasserbewirtschaftung und -einsparung
- ❏ Vermeiden, Recyceln, Wiederverwenden, Transportieren und Endlagern von Abfällen
- ❏ Kontrollieren und Verringern der Lärmbelästigung inner- und außerhalb des Standorts
- ❏ Auswählen neuer und Ändern bestehender Produktionsverfahren
- ❏ Produktplanung (Design, Verpackung, Transport, Verwendung und Entsorgung)
- ❏ Umweltschutz-Praktiken bei Auftragnehmern, Unterauftragnehmern und Lieferanten
- ❏ Verhüten und Begrenzen der Auswirkungen umweltschädigender Unfälle
- ❏ Information und Ausbildung des Personals in Bezug auf ökologische Fragestellungen
- ❏ externe Information über ökologische Fragestellungen

Die in den Umweltprogrammen formulierten Ziele sollen quantifiziert und terminiert sein.

4.2 Überwachen von Umweltschutzprogrammen

Das Einhalten des jeweiligen Umweltschutzprogramms überwacht der BfUM. Bei Abweichungen, die mit »Zuständigen vor Ort« nicht korrigiert werden können, informiert er die Bereichsleitung. Auch in Projekten, die nicht zum Umweltprogramm gehören (z. B. Anschaffung einer Bearbeitungsmaschine), ist der Umweltschutz zu berücksichtigen. Dies wird sichergestellt durch Mitwirkung des jeweiligen Betriebsbeauftragten bei der Projekt- bzw. Investitionsplanung.

4.3 Bekanntmachen von Umweltschutzprogrammen

Das jeweils gültige Umweltschutzprogramm wird in dem in Anlage 1 gezeigten Schema dargestellt und allen Mitarbeitern per Organisationsanweisung bekannt gegeben. Alle Mitarbeiter sind aufgefordert, Ergänzungsvor-

Erstellt von:	Datum:
Version: 1	Seite: 3 von 4

schläge zu dem vom Umweltausschuß zu entwickelnden Programm zu machen. Anregungen und Maßnahmen sind von den Verantwortlichen auf einem Projektblatt zu beschreiben und dem Beauftragten für Umweltmanagement vorzulegen. Angaben über die Kosten der Maßnahmen (Mittel) sind mit Fachleuten und dem Leiter Rechnungswesen abzustimmen. Das Projektblatt zeigt Anlage 2.

Das Umweltschutzprogramm sollte auch Lieferanten zur Kenntnis gebracht werden.

Teile von Umweltschutzprogrammen können Bestandteil der Umwelterklärung werden. Erzielte Ergebnisse und aufgetretene Probleme beschreibt der jährliche interne Umweltbericht.

5   Mitgeltende Unterlagen

Anlage 1, Übersichtsformular zum Umweltschutzprogramm   Handbuch
Anlage 2, Projektblatt zum Umweltschutzprogramm   Handbuch

Erstellt von:	Datum:
Version: 1	Seite: 4 von 4

Übersichtsformular zum Umweltschutzprogramm

Umweltschutzprogramm für den Zeitraum von 19. . . bis 19. . .

Für die Entwicklung des Umweltschutzprogramms verantwortlich:

....

Nr.	Maßnahme	Verantwortung	Termin	Kosten in DM
1	Lackschlamm Anlage xxxx Werk x vorbehandeln	Leiter Technik, Herr Dr. Müller	12/96	30.000
2	Reduzieren der Sonderabfälle gegenüber 1993 um 20%	Betriebsbeauftragter für Abfall	06/97	8.000

Die kursiv geschriebenen Zeilen zeigen Beispiele

Projektblatt zum Umweltschutzprogramm

Bezeichnung der Maßnahme:
Zweck der Maßnahme:
Vorgehensweise bei Planung, Realisierung und Überwachung:
Termine:
Kosten:
Beteiligte Personen:

*Die aufgeführten Punkte sind **eindeutig** zu beschreiben!*

1

3.1   Organisation, Verantwortlichkeiten, Delegationen, Mittel
3.2   Schulung, Bewußtseinsbildung und Kompetenz
3.3   Kommunikation
3.4.   Umwelterklärung
3.5   Dokumentation des Umweltmanagementsystems
3.6   Ablauflenkung
3.7   Notfallvorsorge und Maßnahmenplanung

Erstellt von:	Datum:
Version: 1	Seite: 1 von 1

Erstellt von:	Datum:
Version: 1	Seite: 1 von 8

1   Zweck

Festlegen und Beschreiben der Befugnisse und Verantwortlichkeiten aller Mitarbeiter mit Umweltschutzaufgaben.

2   Anwendungsbereich

Alle Organisationsbereiche am Standort

3   Verantwortlichkeiten

Geschäftsleitung, BfUM, Bereichsleiter, Betreiber, Bbf

4   Regelungen

4.1   Gesamtheit der Umweltschutzaufgaben

In der Aufgaben- und Zuständigkeitenmatrix sind alle im Umweltschutz der Muster GmbH wahrzunehmenden Aufgaben und Verantwortlichen aufgelistet. Beschrieben sind die Aufgaben in

❑ der UVA 3.1 in Stichworten
❑ den Abschnitten 4.2 bis 4.12 dieses Kapitels
❑ den Stellenbeschreibungen bzw. Pflichtenübertragungen
❑ den Verfahrensanweisungen
❑ den Arbeitsanweisungen
❑ dem Handlungsbedarf aus relevanten Rechtsnormen.

4.2   Umweltschutz-Organisationsplan

Der BfUM führt einen Umweltschutz-Organisationsplan. Dieser liegt auch den Behörden vor, denn die Muster GmbH muß nachzuweisen, welche organisatorischen Maßnahmen sicherstellen, daß die gesetzlichen Vorschriften und behördlichen Auflagen eingehalten werden (§ 52 a BImSchG).

Erstellt von:	Datum:
Version: 1	Seite: 2 von 8

4.3 Selbstverpflichtung der Geschäftsleitung

Die Geschäftsleitung ist sich ihrer Verantwortung für den Schutz der Umwelt bewußt und dokumentiert durch Aufbau eines Umweltmanagementsystems ihren Entschluß, einen eigenverantwortlichen, über die gesetzlichen Anforderungen hinausgehenden, Umweltschutz zu betreiben.

4.4 Umweltschutzaufgaben der Geschäftsleitung

Die Geschäftsleitung der Muster GmbH hat dem Geschäftsführer Technik die Verantwortung für den betrieblichen Umweltschutz gemäß § 52 a BImSchG übertragen. Die Aufsichts- und Organisationspflichten der anderen Mitglieder der Geschäftsleitung sind dadurch nicht aufgehoben. Das bedeutet, sie sind – obwohl die Umweltschutzaufgaben auf eine Person konzentriert wurden – nicht von ihrer Gesamtverantwortung für den Umweltschutz entbunden. Kommt ihnen ein Mißstand zur Kenntnis, sind sie verpflichtet, im Kreis der Geschäftsleitungsmitglieder für seine Behebung zu sorgen. Der Geschäftsführer Technik hat im Umweltschutz folgende Aufgaben:

❏ Wahrnehmen der Aufsichts- und Organisationspflicht
❏ Delegieren von Betreiberpflichten an geeignete Mitarbeiter
❏ Bestellen von Betriebsbeauftragten für Umweltschutz
❏ Anhören der Betriebsbeauftragten
❏ Bereitstellen von Mitteln für den Umweltschutz
❏ Prüfen des Umweltmanagementsystems
❏ Begrenzen von Haftungsrisiken

4.5 Aufgaben und Befugnisse des Beauftragten für Umweltmanagement

Der BfUM soll das Einführen, Umsetzen und Aufrechterhalten von Anforderungen des Umweltmanagementsystems in Übereinstimmung mit ISO 14001 sicherstellen und der Geschäftsleitung über die Leistung des Umweltmanagementsystems und Möglichkeiten seiner Verbesserung regelmäßig Bericht erstatten. Er hat im einzelnen folgende Aufgaben:

Erstellt von:	Datum:
Version: 1	Seite: 3 von 8

❑ Weiterentwickeln umweltpolitischer Ziele und Programme
❑ Beobachten umweltbezogener gesellschafts- und marktpolitischer Entwicklungen
❑ Erarbeiten von Entscheidungsgrundlagen für »unternehmenspolitische Kurskorrekturen«
❑ Pflegen, Erläutern und Aufbewahren der relevanten Rechtsnormen
❑ Überwachen der Einhaltung relevanter Rechtsnormen und interner Zielsetzungen
❑ Planen und Mitwirken bei Umwelt-Audits
❑ Planen und Begleiten von Umweltmanagement-Reviews
❑ Planen und Begleiten von Umweltbetriebsprüfungen
❑ Überprüfen der Wirksamkeit von Korrekturmaßnahmen
❑ Planen und Durchführen interner Ausbildungsmaßnahmen
❑ Entwickeln der Inhalte der jährlichen Umwelterklärung
❑ Ableiten operativer Maßnahmen aus strategischen Vorgaben
❑ Erarbeiten des jährlichen Umweltprogramms
❑ Vorschlagen organisatorischer Verbesserungen
❑ Pflegen der Aufgaben- und Zuständigkeitenmatrix
❑ Pflegen der Dokumentenmatrix
❑ Pflegen des Umweltmanagementhandbuches
❑ Überwachen umweltrelevanter Vertragsgestaltungen
❑ Koordinieren der umweltschutzbezogenen Öffentlichkeitsarbeit
❑ Unterstützen und Beraten der Linienkräfte in Umweltschutzfragen
❑ Leiten des Umweltausschusses

4.6 Aufgaben und Befugnisse der gesetzlich und freiwillig bestellten Betriebsbeauftragten

Zur Erfüllung der Umweltpolitik (Umweltschutz aufgrund eigener Initiative und Verantwortung) hat die Muster GmbH neben den aufgrund gesetzlicher Vorschriften zu bestellenden Betriebsbeauftragten für Abfall, Gefahrgut, Immissionsschutz, Gewässerschutz und Strahlenschutz freiwillig weitere Beauftragte eingesetzt, die in den Bereichen Einkauf, Verwaltung, Produktion und Recycling, Verfahrenstechnologie, Prüfverfahren, Montage,

Erstellt von:	Datum:
Version: 1	Seite: 4 von 8

Verpackung und Transport, Versorgung, Energie, Entsorgung, Arbeits- und Gefahrstoffe sowie Arbeits- und Umweltmedizin als Koordinatoren und Ansprechpartner für Umweltfragen tätig sind.

Die Aufgaben der aufgrund gesetzlicher Verpflichtung bestellten Bbf sind:

Überwachen

❑ Pflegen und Erläutern gesetzlicher Vorschriften
❑ Durchführen von Überwachungen nach Überwachungsplänen und Katastern
❑ Informieren der zuständigen Betriebsleiter und des Umweltschutzbeauftragten des Geschäftsbereichs über festgestellte Mängel
❑ Führen eines Tagebuchs über durchgeführte Kontrollen
❑ Führen seiner Kostenstelle

Beraten

❑ Beraten der betrieblichen Fach- und Führungskräfte
❑ Unterweisen der betroffenen Betriebsangehörigen und Mitarbeiter von Fremdfirmen
❑ Hinwirken auf die Einführung umweltverträglicher Verfahren und Produkte
❑ Mitwirken bei der Planung von Umweltschutzinvestitionen und -kosten

Berichten

❑ Weitergeben der Aufzeichnungen zu Überwachungszwecken
❑ Berichte über Audits
❑ Tätigkeitsbericht (jährlich) an den Beauftragten für Umweltmanagement

Erstellt von:	Datum:
Version: 1	Seite: 5 von 8

Planen

Erstellen eines Investitions- und Kostenplans für das jeweils nächste Geschäftsjahr

Der Betriebsbeauftragte hat das Recht,

- ❏ alle örtlichen Betriebseinrichtungen, die Auswirkungen auf die Umwelt haben können, ohne vorherige Ankündigung zu besichtigen, Kontrollen und Messungen vorzunehmen oder vornehmen zu lassen,
- ❏ vollständige und aktuelle Information über alle betrieblichen Gegebenheiten zu erhalten, die für den Umweltschutz von Bedeutung sein können. Alle diesbezüglichen Unterlagen stehen ihm zur Verfügung.
- ❏ bei allen Entscheidungen über die Einführung und Änderung von Verfahren, die sein Fachgebiet betreffen, angehört zu werden.

Nimmt ein Betriebsbeauftragter seine Umweltschutzaufgaben neben anderen Aufgaben wahr, ist die ihm für den Umweltschutz zur Verfügung stehende Zeit festzulegen. Einzelheiten regeln die Stellenbeschreibungen der Betriebsbeauftragten.

4.7 Aufgaben und Befugnisse der Betreiber

Aufgaben der Betreiber genehmigungsbedürftiger Anlagen sind:

- ❏ Wahrnehmen der Organisations- und Aufsichtspflichten
- ❏ Einhalten gesetzlicher Vorschriften und behördlicher Auflagen
- ❏ Beantragen von Genehmigungen und Aufrechterhalten der Genehmigung
- ❏ Dokumentieren des bestimmungsgemäßen und abnormalen Betriebs
- ❏ Überwachen der Anlagensicherheit und der Vermeidung oder Begrenzung von Emissionen und Abfällen
- ❏ Erstellen von Berichten an Behörden und die Geschäftsleitung

Befugnisse der Betreiber:

Grundsätzlich haben die Betreiber genehmigungsbedürftiger Anlagen die

Entscheidungsgewalt über alle im Zusammenhang mit den von ihnen verantworteten Anlagen oder Einrichtungen stehenden Fragen.

4.8 Anforderungen an Zuverlässigkeit und Fachkunde der Betreiber

Betreiberverantwortlichkeiten dürfen nur an solche Personen delegiert werden, die über Fachkenntnis und Ortsnähe verfügen und zuverlässig sind. Die Fachkenntnisse müssen das betriebliche Umweltmanagement, technische Zusammenhänge und das Umweltrecht betreffen. Im einzelnen sollen Kenntnisse zu verschiedenen Gebieten vorhanden sein:

❏ Genehmigungs- und Mitteilungspflichten
❏ Dokumentation des bestimmungsgemäßen Betriebs
❏ Überwachungspflichten
❏ Maßnahmen, die der Anlagensicherheit dienen
❏ Berichtspflichten
❏ Organisations- und Aufsichtspflicht
❏ Stand der Technik

Betreiber müssen – bevor sie diese Funktion übernehmen – mindestens an einem zweitägigen Seminar über betrieblichen Umweltschutz teilgenommen haben. Als zuverlässig gilt nur, wer nach dem Strafgesetz oder wegen eines Delikts gegen die Umwelt nicht mit einer Geldbuße von mehr als 1.000 DM bestraft worden ist.

4.9 Aufgaben überwachender und ausführender Mitarbeiter

Diese Mitarbeiter sind den Betreibern zugeordnet oder sind andere Personen, die Umweltschutzaufgaben in der Linienorganisation wahrnehmen. Sie werden für die Wahrnehmung ihrer Aufgaben besonders ausgebildet. Ihre Tätigkeiten und Verantwortlichkeiten sind in Arbeitsanweisungen zu beschreiben.

Erstellt von:	Datum:
Version: 1	Seite: 7 von 8

4.10 Planen von Mitteln

Das Planen von Mitteln (Kosten, Investitionen, Budgets) für den Umweltschutz ist Bestandteil der jährlichen Finanzplanung. Der BfUM eruiert den
Bedarf seines Geschäftsbereichs zusammen mit dem Umweltausschuß, erstellt eine Liste aller benötigten Mittel inklusive der Budgets der Betriebsbeauftragten, begründet den Bedarf schriftlich und stimmt die Aufstellung
mit dem Umweltausschuß ab. Es ist Aufgabe der Bbf, die rechtlichen Rahmenbedingungen für Investitionen zu beachten. Dazu führen die Bbf Unterlagen über gültige und absehbare Rechtsnormen, die Einflüsse auf Investitionen haben können und über Fördermittel der EU, des Bundes und des
Landes. Auch für das Nutzen von Fördermitteln sind die Bbf zuständig.

4.11 Freigeben von Mitteln

Die Geschäftsleitung oder, im Rahmen der zugeteilten Budgets, die jeweiligen Bereichsleiter, geben die finanziellen Mittel frei.

4.12 Ausweisen von Umweltschutzinvestitionen

Der Leiter des Rechnungswesens stellt sicher, daß Umweltschutzinvestitionen EDV-technisch als solche (gegenüber Banken, Versicherungen, der
Öffentlichkeit und den Behörden) getrennt ausgewiesen werden können.

5   Mitgeltende Unterlagen

Anhang I, B 2	Öko-Audit-VO
Anhang I, A 5 b	Öko-Audit-VO
4.3.1 Organisationsstruktur und Verantwortlichkeiten	Norm ISO 14001
Anlage 1, System der Delegation von Verantwortlichkeiten	Handbuch
UVA 3.1, Ermitteln und Integrieren von Anforderungen	Handbuch

Erstellt von:	Datum:
Version: 1	Seite: 8 von 8

System der Delegation von Verantwortlichkeiten

Das Schema zeigt, auf welchen Ebenen welche Verantwortlichkeiten wahrzunehmen sind. Delegationen sind nach diesem Muster – schriftlich – vorzunehmen. Der Delegationsnehmer unterzeichnet zum Zeichen seines Einverständnisses.

Geschäftsleitung

- ❑ Delegieren der Betreiberpflichten
- ❑ Delegieren der Aufsichtspflicht
- ❑ Wahrnehmen der Organisationspflicht
- ❑ Bestellen von Betriebsbeauftragten für Umweltschutz
- ❑ Anhören der Betriebsbeauftragten bei Entscheidungen und Unstimmigkeiten
- ❑ Informieren von Behörden und Betriebsrat
- ❑ Einrichten eines Umweltmanagementsystems
- ❑ Veranlassen von Umweltmanagement-Reviews
- ❑ Prüfen des Umweltschutz-Jahresberichts

Bereichsleiter

- ❑ Delegieren der Betreiberpflichten
- ❑ Wahrnehmen der Aufsichtspflichten
- ❑ Entscheiden über die Behebung von Mängeln
- ❑ Planen von Investitionen und Mitteln
- ❑ Vertreten des Unternehmens gegenüber Behörden
- ❑ Gewährleisten der Rechtssicherheit
- ❑ Beteiligen der Betriebsbeauftragten an Entscheidungen

Betriebsleiter

- ❑ Wahrnehmen der Betreiberpflichten
- ❑ Wahrnehmen der Aufsichtspflichten
- ❑ Beheben und Melden von Störungen und Mängeln
- ❑ Gewährleisten der Anlagensicherheit
- ❑ Gewährleisten des Emissionsschutzes
- ❑ Gewährleisten der Transportsicherheit
- ❑ Vermeiden, Wiederverwerten, Entsorgen der Abfälle
- ❑ Veranlassen von Messungen und Analysen
- ❑ Ausbilden und Unterweisen der Mitarbeiter
- ❑ Planen von Investitionen und Mitteln
- ❑ Erstellen eines jährlichen Umweltschutzberichts
- ❑ Beteiligen der Betriebsbeauftragten an Entscheidungen
- ❑ Erstellen von Arbeitsanweisungen

Meister/Facharbeiter

- ❑ Übernehmen von Aufgaben des Betriebsleiters gemäß dessen Festlegung

1

1   Zweck

Ermitteln aller Umweltschutzaufgaben, Zuordnen von Stellen und Integrieren der Aufgaben in die Führungsinstrumente des Unternehmens.

2   Anwendungsbereich

Gesamtes Unternehmen

3   Verantwortlichkeiten

Geschäftsleitung, BfUM, Personalabteilung

4   Anweisungen

Anlage 1 zu dieser UVA erläutert, wie die Gesamtheit der sich aus dem Umweltschutz ergebenden Anforderungen ermittelt und in das Führungssystem des Unternehmens integriert werden.

Anlage 2 enthält die Aufgaben- und Zuständigkeitenmatrix, die stets aktuell zu halten ist.

Der Organisationsplan (Anlage 3) stellt die Aufbauorganisation des Unternehmens grafisch dar. Er enthält alle Linienstellen und Stabsstellen, die Umweltschutzaufgaben wahrnehmen, und zeigt deren Einordnungen in die Hierarchie. In einer Anlage zum Organisationsplan oder im Organisationsplan selbst sind auch die genehmigungsbedürftigen Anlagen und die dafür verantwortlichen Betreiber aufzuführen.

Erstellt von:	Datum:
Version: 1	Seite: 1 von 2

5   Mitgeltende Unterlagen

Anlage 1, Methode zur Ermittlung und Integration der sich
        aus dem Umweltmanagementsystem ergebenden
        Anforderungen   Handbuch
Anlage 2, Aufgaben- und Zuständigkeitenmatrix   Handbuch
Anlage 3, Auszug aus dem Umweltschutz-Organisationsplan
        der Muster GmbH   Handbuch

Methode zur Ermittlung und Integration der sich aus dem Umweltmanagementsystem ergebenden Anforderungen

von Reiner Chrobok und Horst Ellringmann

Die hier zu beantwortende Frage lautet: Wie können Managementsysteme so in die Unternehmensführung integriert werden, daß ihre Elemente bei sämtlichen Planungen, Entscheidungen und Realisierungen »automatisch« berücksichtigt werden? Dazu müssen alle sich aus einem Managementsystem ergebenden Anforderungen erfaßt und in die Führungsinstrumente des Unternehmens integriert werden.

Ermitteln der Anforderungen

Management ist grundsätzlich eine ganzheitliche Aufgabe. Zum Ganzen verbunden werden drei Dimensionen:

❏ **Managementebenen**, das Management auf der normativen, strategischen, organisatorischen und operativen Ebene.
❏ **Objektorientierte »Teildisziplinen«** des Managements wie Human Resources Management (Objekt: Mensch), Informationsmanagement (Objekt: Information), Facility Management (Objekt: ein Teil der Sachmittel) und Organisationsmanagement (Objekt: Aufgabe).
❏ **Zielorientierte »Teildisziplinen«** des Managements wie Time Based Management (Ziel: Zeit), Kostenmanagement (Ziel: Kosten – häufig als Teil des Controlling etabliert), Qualitätsmanagement (Ziel: Qualität) und schließlich Innovationsmanagement (Ziel: Innovation).

Ein **Würfel** bildet die genannten Dimensionen eines Unternehmens ab; das ganzheitliche Managementmodell wird sichtbar (siehe Abb. 1). Als dominante Dimension wird die Managementebene »gesetzt«. Auf den anderen Ebenen des Würfels werden Managementobjekte und Managementziele plaziert. Zu beantworten ist die Frage, welche Anforderungen sich aus den Beziehungen zwischen den Elementen eines Managementsystems und den Ebenen, Objekten und Zielen des Unternehmens ergeben. Die Zuordnung von Elementen des Managementsystems zu Managementebenen findet in einer **Einflußmatrix** statt (Abb. 2). Die Anforderungen werden in **Ergebnistabellen** (Abb. 3) ermittelt.

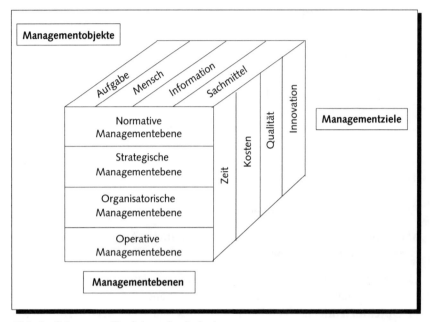

Abb. 1: Schema zur Ermittlung der Anforderungen

Nr.	Element des USM	Norma-tive Ebene	Strategi-sche Ebene	Organisa-torische Ebene	Operative Ebene	Summe
1	Unternehmensleitung	×	×	×		3
2	Umweltschutzpolitik	×	×			2
3	Verantwortlichkeit und Be-fugnisse			×	×	×	3
4	Beauftragter des Manage-ments			×	X	2
Summe		2	3	3	2	

Abb. 2: Einflußmatrix

Nr.	Uweltmanagement-Elemente der strategischen Managementebene	Grundsatz, Handlungsempfehlung, Aufgabe, Regelung, Anweisung – Managementobjekt Mensch –
1	Unternehmensleitung	– Benennen eines Mitglieds der Unternehmensleitung, der in Umweltschutzangelegenheiten Ansprechstelle und Entscheider für externe und interne Gruppen ist. – Delegieren von Verantwortlichkeiten (z.B. der Betreiberverantwortung) an geeignete Mitarbeiter – Sich selbst für den Umweltschutz einbringen – und Umweltschutz nicht »von oben verordnen«. – Blick für die richtigen Menschen in Multiplikatorfunktionen für den Umweltschutz entwickeln.
	Umweltschutzpolitik	– Ökologische Leitlinien so formulieren, daß sie Orientierungsgrundlage für Menschen sein können (präzise, konkret, einfach und praktikabel). – Gestalten der Unternehmenspolitik als wertorientierte Legitimationsgrundlage für den Umweltschutz in der Unternehmung.
5	Planen und Freigeben von Mitteln	– Delegieren der Mittelverantwortung (Investitionen und Kosten) an die Stelle, bei der Umweltschutz am besten gewährleistet ist (z. B. Person nach § 52 a BImSchG). – Festlegen der Zuständigkeiten für die Planung und Freigabe von Mitteln.

Abb. 3: Ergebnistabelle zum Managementobjekt Mensch

*Stellen Sie sich bei Erarbeiten der Tabelle die Frage: Welche Menschen werden auf der **strategischen Managementebene** für das Bearbeiten der zugehörigen USM-Elemente gebraucht?*

3

Um Informationen zur Feinsteuerung gewinnen zu können, lassen sich die Tabellen zu den Managementobjekten und die Tabellen zu den Managementzielen miteinander vernetzen. Die Fragestellung auf dieser tiefsten Analyseebene lautet beispielsweise: Welche Anforderungen ergeben sich auf der normativen Managementebene aus den Beziehungen von Aufgaben und Zeit zum Element »Unternehmensleitung«? Mögliche Antwort: Die Intervalle der Management-Reviews sind festzulegen. Diese Feinanalyse ist sicher für die erste Ausbaustufe eines Umweltmanagementsystems noch nicht erforderlich. Sie kann aber die über lange Zeiträume aufrecht zu erhaltende kontinuierliche Verbesserung der Umweltschutzleistungen unterstützen.

Der Integrationsvorgang

Die mit Hilfe der beschriebenen Methode ermittelten Anforderungen müssen abschließend in Führungsfunktionen und -instrumente des Unternehmens eingegliedert werden. Führungsfunktionen sind Planung, Organisation, Personalführung und Controlling. Darin enthaltene Instrumente sind u. a. Aufgabensammlungen, Stellenbeschreibungen, Zielvereinbarungen, Kennzahlen ermitteln, Frühaufklärung.

Die Ergebnisse der Tabelle zum Objekt »Aufgabe« kann dazu genutzt werden, die Vollständigkeit der Sammlung umweltrelevanter Aufgaben zu erhöhen. Die Tabelle zum Objekt »Mensch« fließt in die Regelung von Zuständigkeiten und Verantwortlichkeiten ein und ist für Stellenbeschreibungen nutzbar. Die Tabelle zum Objekt »Information« verbessert Ablaufschemata sowie Verfahrens- und Arbeitsanweisungen und wird bei Gestaltung des Informationsmanagements bedeutsam. Die Tabelle zum Objekt »Sachmittel« enthält Informationen, die z. B. bei der Ausstattung von Stellen oft übersehen werden. Die Tabelle zum Ziel »Zeit« macht die Chronologie von Umweltmanagement-Projekten transparent und verbessert deren Qualität.

Ermitteln und Integrieren der Anforderungen aus einem Umwelt-managementsystem

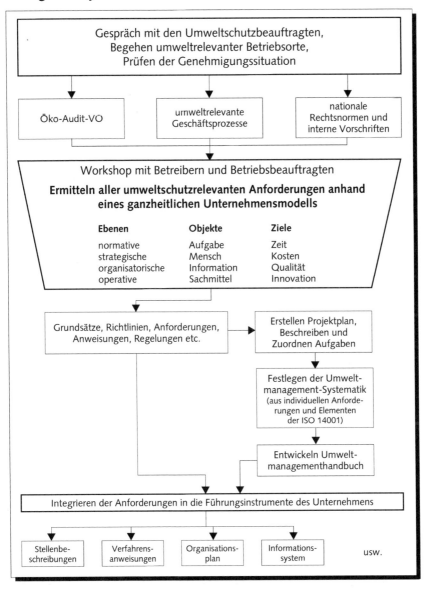

Gespräch mit den Umweltschutzbeauftragten,
Begehen umweltrelevanter Betriebsorte,
Prüfen der Genehmigungssituation

Öko-Audit-VO

umweltrelevante
Geschäftsprozesse

nationale
Rechtsnormen und
interne Vorschriften

Workshop mit Betreibern und Betriebsbeauftragten

**Ermitteln aller umweltschutzrelevanten Anforderungen anhand
eines ganzheitlichen Unternehmensmodells**

Ebenen	Objekte	Ziele
normative	Aufgabe	Zeit
strategische	Mensch	Kosten
organisatorische	Information	Qualität
operative	Sachmittel	Innovation

Grundsätze, Richtlinien, Anforderungen,
Anweisungen, Regelungen etc.

Erstellen Projektplan,
Beschreiben und
Zuordnen Aufgaben

Festlegen der Umwelt-
management-Systematik
(aus individuellen Anforderungen und Elementen
der ISO 14001)

Entwickeln Umwelt-
managementhandbuch

Integrieren der Anforderungen in die Führungsinstrumente des Unternehmens

Stellenbe-
schreibungen

Verfahrens-
anweisungen

Organisations-
plan

Informations-
system

usw.

Aufgaben- und Zuständigkeitenmatrix

(Zuordnung der Umweltschutzaufgaben zu Stellen)

Die Matrix zeigt alle Umweltschutzaufgaben und ordnet diese den verantwortlichen Stellen zu. Die Abkürzungen bedeuten:

Leit = Geschäftsleitung
Betr = Betreiber
Bbf = Betriebsbeauftragte für . . .,
Ent = Entwicklung
Pro = Produktion
usw.

Da für die Wahrnehmung einer Aufgabe meist mehrere Arten von Verantwortlichkeiten existieren, werden diese mit Buchstaben gekennzeichnet: Die Buchstaben bedeuten:
E = Entscheidungsverantwortung
B = Beratungsverantwortung
M = Mitwirkungsverantwortung
I = muß informiert werden
usw.

Aufgabe	Abteilung								
	Leit	Betr	BfU M	Bbf	Ent	Pro			
Pflegen Umweltschutz-Organisationsplan	E	M	B	B	M	M			
Überwachen der Anlagen-sicherheit	I	E	B	B	M	M			

Auszug aus dem Umweltschutz-Organisationsplan der Muster GmbH

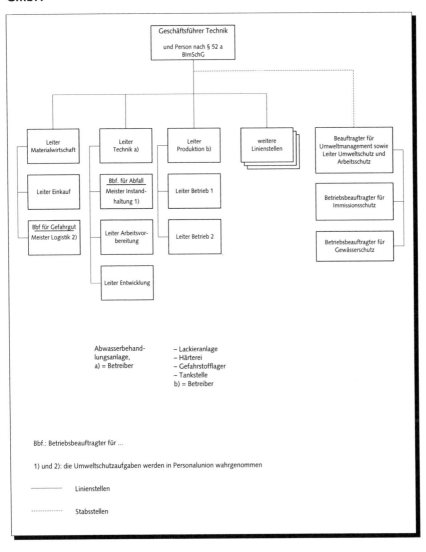

Geschäftsführer Technik
und Person nach § 52 a BImSchG

Leiter Materialwirtschaft
Leiter Technik a)
Leiter Produktion b)
weitere Linienstellen
Beauftragter für Umweltmanagement sowie Leiter Umweltschutz und Arbeitsschutz

Leiter Einkauf
Bbf. für Abfall Meister Instandhaltung 1)
Leiter Betrieb 1
Betriebsbeauftragter für Immissionsschutz

Bbf für Gefahrgut Meister Logistik 2)
Leiter Arbeitsvorbereitung
Leiter Betrieb 2
Betriebsbeauftragter für Gewässerschutz

Leiter Entwicklung

Abwasserbehandlungsanlage,
a) = Betreiber

– Lackieranlage
– Härterei
– Gefahrstofflager
– Tankstelle
b) = Betreiber

Bbf.: Betriebsbeauftragter für …

1) und 2): die Umweltschutzaufgaben werden in Personalunion wahrgenommen

—————— Linienstellen

------------- Stabsstellen

1

1 Zweck

Vermitteln von Wissen und Fähigkeiten sowie Fördern der Einsichtsfähigkeit.

2 Anwendungsbereich

Gesamtes Unternehmen

3 Verantwortlichkeiten

Personalabteilung, Führungskräfte, Bbf

4 Regelungen

4.1 Informieren aller Mitarbeiter

Wissen über umweltpolitische Ziele des Unternehmens, gesetzliche Vorschriften und behördliche Anordnungen über die von unserem Unternehmen ausgehenden Umweltbelastungen und unsere Leistungen zu deren Vermeidung bzw. Reduzierung, wird allen Mitarbeitern in schriftlicher Form und – soweit als möglich – durch Schulungen vermittelt. Der BfUM erarbeitet in regelmäßigen Abständen mit Unterstützung der Bbf Organisationsmitteilungen über Zielsetzungen und Anforderungen und legt sie der Geschäftsleitung zur Genehmigung vor. Darüberhinaus werden Umweltschutzinformationen in der Hauszeitschrift veröffentlicht und an den »grünen Brettern« ausgehängt.

4.2 Externe Aus- und Weiterbildungen

Alle Betriebsbeauftragten für . . ., die Betreiber genehmigungsbedürftiger Anlagen und die für umweltrelevante Anlagen und Einrichtungen zuständigen Mitarbeiter haben an einer internen oder externen Grundausbildung

Erstellt von:	Datum:
Version: 1	Seite: 2 von 3

teilzunehmen. Ausbildungsveranstalter werden vom BfUM vorgeschlagen, von der Personalabteilung geprüft und von der Geschäftsleitung genehmigt. Die Bbf nehmen darüber hinaus an den gesetzlich vorgeschriebenen Weiterbildungen teil. Verantwortlich für bestimmungsgemäße und wirksame Weiterbildung ist die Personalabteilung.

4.3 Beförderungsvoraussetzung

Für das Erreichen der Führungspositionen Betriebsleiter, Produktionsleiter, Leiter Instandhaltung und Leiter Einkauf ist der Besuch einer mindestens dreitägigen internen oder externen Grundausbildung in betrieblichem Umweltschutz Voraussetzung. Die Ausbildungsinhalte zeigt Anlage 1.

5 Mitgeltende Unterlagen

Anhang I, B 2	Öko-Audit-VO
4.3.2 Schulung, Bewußtseinsbildung und Kompetenz	ISO 14001
Anlage 1, Pflichtseminar für Führungskräfte der	
Muster GmbH	Handbuch
Anlage 2, Planung und Überwachung von Umwelt-	
schutzausbildungen	Handbuch

Erstellt von:	Datum:
Version: 1	Seite: 3 von 3

Pflichtseminar für Führungskräfte der Muster GmbH

Zielsetzung des Seminars ist das Vermitteln des zu Aufbau und Pflege eines Umweltmanagements (gemäß Öko-Audit-Verordnung) nötigen Wissens. Das Seminar wird an zwei Tagen durchgeführt, zwischen denen ein Zeitraum von etwa vier Wochen liegt. Der erste Tag vermittelt Basiswissen zu Themen, auf die das Umweltmanagement aufbaut und die es tangiert. In der Zeit bis zum zweiten Seminartag vertiefen die Teilnehmer die Lerninhalte in der Praxis und bearbeiten ihre »Hausaufgaben«. Der zweite Tag hat zum Ziel, die Grundlagen für den Aufbau eines Umweltschutzmanagements zu schaffen. Soweit zeitlich möglich, werden Gruppenarbeiten durchgeführt, um den Lernerfolg zu verbessern.

Teil 1: Betrieblicher Umweltschutz, Teil einer Gesamtstrategie zur Erhaltung unseres Lebensraums

1   Ziele der Umweltschutzpolitik
❑ internationale, europäische und nationale Ziele
  – Umweltschutz durch Armutsbeseitigung
  – Wirtschaften mit endlichen Ressourcen
  – Kreislaufwirtschaft
  – Umweltmanagement
❑ Umweltschutz im Jahr 2005, eine Prognose

2   Projektmanagement
❑ Planen, Durchführen und Überwachen von Projekten
❑ Bedeutung des methodischen Vorgehens

3   Validierung des Umweltmanagements
❑ Umweltgutachter- und Standortregistrierungsgesetz
❑ Aufwand und Kosten der Prüfung
❑ Ablauf einer Zertifizierung

4   Material- und Energiebilanzen
❑ Stand der Ökobilanz-Entwicklung
❑ Erfassen und Darstellen von Material- und Stoffströmen
❑ Beispiel aus einem Unternehmen

5   Umweltmanagement in die Unternehmensführung integrieren
❑ Optimieren von Informationsflüssen
❑ Zusammenführen von Qualitätssicherung, Umweltschutz und Arbeitssicherheit,
❑ Auswirkungen auf Organisation und Wirtschaftlichkeit

6   Umweltbewußtsein der Mitarbeiter fördern
❑ Mitarbeiterzeitung
❑ »Grünes Brett«
❑ ideelle und monetäre Anreize
❑ Umwelttag, Information der Öffentlichkeit

Teil 2: Betriebliches Umweltschutzmanagement

7   Entwickeln und Einführen eines Umweltmanagements nach der Öko-Audit-Verordnung
❑ Situationsanalyse und Projektplanung
❑ Erstellen eines Umweltschutz-Handbuchs
❑ Vorbereiten und Durchführen von Umwelt-Audits
❑ Umweltbetriebsprüfung und Registrierung

7.1 Wiederholungen zum ersten Seminartag

7.2 Aufgaben und Zuständigkeiten
❑ Methode zur Ermittlung aller Aufgaben
❑ Zuordnung der Aufgaben zu Organisationseinheiten

7.3 Organisation und Delegationsprinzip
❑ Pflichtenübertragungen, Stellenbeschreibungen
❑ Umweltschutz-Organisationsplan

7.4 Dokumentieren und Handbuch erstellen
❑ Dokumentenlenkung
❑ Inhalt und Aufbau des Handbuchs

7.5 Überwachen und Bewerten
❑ Eigenüberwachung
❑ Bewerten von Umweltschutzauswirkungen
❑ Abfallwirtschaft, Luftreinhaltung, Lärmvermeidung, Gewässerschutz

2

7.6 Beschaffung
- ❑ Lieferanten auswählen
- ❑ Vermeiden von Schadstoffen

7.7 Risikomanagement
- ❑ Gefahrenabwehr
- ❑ Reaktionen im Störfall

7.8 Audits
- ❑ interne Audits
- ❑ Umweltbetriebsprüfung

7.9 Berichte
- ❑ interner Jahresbericht
- ❑ Umwelterklärung
- ❑ Aufzeichnungen

8 Überzeugungsprozesse

Wie setze ich meine persönlichen Überzeugungen wirkungsvoller durch?
- ❑ Erstellen von Entscheidungsvorlagen für Vorgesetzte
- ❑ Präsentationstechnik, Argumentationstechnik, Einwandbehandlung
- ❑ Wie motiviere ich meine Mitarbeiter zu umweltbewußtem Verhalten?

Mit Punkt 8 lernen die Teilnehmer, wie sie das erworbene Wissen umsetzen und damit in ihrem Verantwortungsbereich für einen besseren Umweltschutz sorgen können.

Planung und Überwachung von Umweltschutzausbildungen

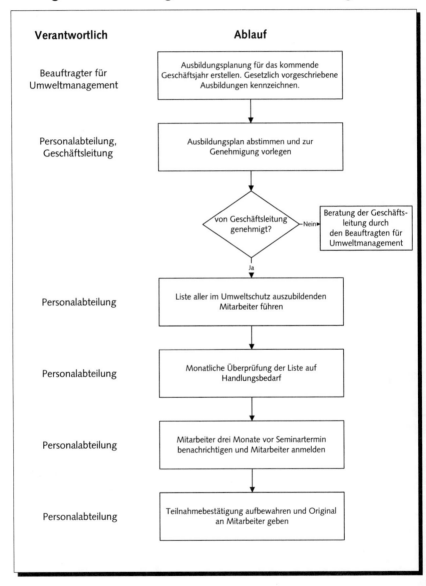

Verantwortlich

Ablauf

Beauftragter für
Umweltmanagement

Ausbildungsplanung für das kommende
Geschäftsjahr erstellen. Gesetzlich vorgeschriebene
Ausbildungen kennzeichnen.

Personalabteilung,
Geschäftsleitung

Ausbildungsplan abstimmen und zur
Genehmigung vorlegen

von Geschäftsleitung
genehmigt? —Nein►

Beratung der Geschäfts-
leitung durch
den Beauftragten für
Umweltmanagement

Ja

Personalabteilung

Liste aller im Umweltschutz auszubildenden
Mitarbeiter führen

Personalabteilung

Monatliche Überprüfung der Liste auf
Handlungsbedarf

Personalabteilung

Mitarbeiter drei Monate vor Seminartermin
benachrichtigen und Mitarbeiter anmelden

Personalabteilung

Teilnahmebestätigung aufbewahren und Original
an Mitarbeiter geben

Erstellt von:	Datum:
Version: 1	Seite: 1 von 3

1　Zweck

Externe und interne Kommunikation zum Umweltmanagement regeln.

2　Anwendungsbereich

Gesamtes Unternehmen

3　Verantwortlichkeiten

Geschäftsleitung, BfUM, Öffentlichkeitsarbeit, Personalabteilung, Betriebsrat

4　Regelungen

4.1　Bearbeiten von Mitteilungen Außenstehender

Mitteilungen von Außenstehenden über Auswirkungen (z. B. Niederschlag von Luftverunreinigungen, Geruchs- oder Lärmbelästigung), die von der Muster GmbH ausgehen, werden unverzüglich an den BfUM weitergeleitet. Dieser holt bei den zuständigen Bbf eine Stellungnahme ein und informiert bei Bedarf die Geschäftsleitung.

Den Umweltschutz-Leitlinien entsprechend informieren wir die Öffentlichkeit regelmäßig über unsere Maßnahmen zur Vermeidung oder Reduzierung von Umweltbelastungen. Mitteilungen von Außenstehenden sind uns Ansporn zur Intensivierung dieser Bemühungen.

4.2　Bearbeiten interner Mitteilungen

Mitteilungen und Anfragen von Mitarbeitern zu unserem Umweltschutz

Erstellt von:	Datum:
Version: 1	Seite: 2 von 3

werden an den BfUM weitergeleitet. Dieser beantwortet die Mitteilungen und Anfragen und prüft, ob Maßnahmen getroffen werden sollen oder ob die Mitteilung Anregungen enthält, die die KVP-Gruppen oder der Umweltausschuß weiterbearbeiten können.

4.3 Zugang der Öffentlichkeit zu Umweltinformationen

Nachbarn und darüber hinaus alle interessierten Bürger haben das Recht, bei der Umweltbehörde Informationen über die vom Standort der Muster GmbH ausgehenden Umweltbelastungen und Reduzierungsmaßnahmen anzufordern. Die Behörde muß die ihr bekannten Daten (z. B. aus der Umwelterklärung) weitergeben. Sollten keine Informationen vorliegen, ist die Muster GmbH verpflichtet, diese zu liefern. Vertrauliche Daten müssen nicht weitergegeben werden. Für diese Kommunikation ist der BfUM verantwortlich.

5 Mitgeltende Unterlagen

Anhang I, B 2   Öko-Audit-VO
4.3.3 Kommunikation   ISO 14001
Anlage 1, Ablaufschema Externe Kommunikation   Handbuch

Ablaufschema Externe Kommunikation

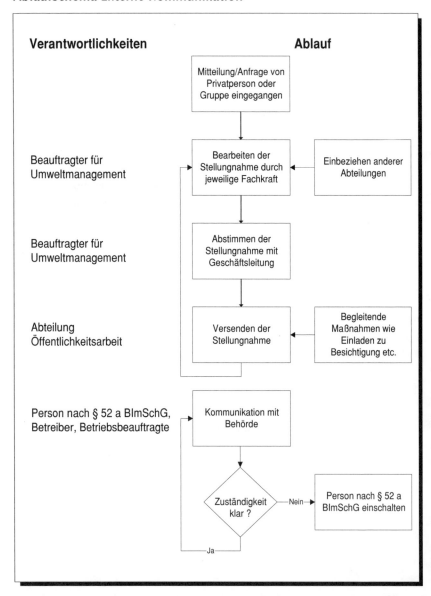

Verantwortlichkeiten   **Ablauf**

Mitteilung/Anfrage von
Privatperson oder
Gruppe eingegangen

Beauftragter für
Umweltmanagement

Bearbeiten der
Stellungnahme durch
jeweilige Fachkraft

Einbeziehen anderer
Abteilungen

Beauftragter für
Umweltmanagement

Abstimmen der
Stellungnahme mit
Geschäftsleitung

Abteilung
Öffentlichkeitsarbeit

Versenden der
Stellungnahme

Begleitende
Maßnahmen wie
Einladen zu
Besichtigung etc.

Person nach § 52 a BImSchG,
Betreiber, Betriebsbeauftragte

Kommunikation mit
Behörde

Zuständigkeit
klar ?   —Nein—

Person nach § 52 a
BImSchG einschalten

—Ja—

1   Zweck
2   Anwendungsbereich
3   Verantwortlichkeiten
4   Regelungen
4.1 Inhalt
4.2 Erarbeitung
4.3 Freigabe
4.4 Veröffentlichung
5   Mitgeltende Unterlagen
     UVA 3.4. Erstellen und Bewerten der Umwelterklärung

1 Zweck

Informieren der Öffentlichkeit über Umweltbeeinträchtigungen und Umweltschutzleistungen.

2 Anwendungsbereich

Geschäftsführung, Stäbe

3 Verantwortlichkeiten

Vorschläge und Inhalte liefert der BfUM, für Aufbereitung und Druck ist die Abteilung Öffentlichkeitsarbeit zuständig, die Geschäftsleitung erteilt Freigaben.

4 Regelungen

4.1 Inhalt

Die von der Muster GmbH jährlich abzugebende Umwelterklärung hat den in Anlage 1 zu UVA 3.4 gezeigten Inhalt. Veränderungen dieser Inhaltsangabe bedürfen der Zustimmung der Geschäftsleitung.

4.2 Erarbeitung

Die Umwelterklärung ist vom BfUM mit den Mitgliedern des Umweltausschusses bis 31.1. jeden Jahres zu erarbeiten. Sie basiert auf den Daten der Kataster, dem Berichtswesen, den internen Audits und anderen Daten des Umweltmanagements. Die Umwelterklärung enthält vor allem die Verbesserungen gegenüber der vorangegangenen Erklärung und stellt diese in möglichst anschaulichen Grafiken dar.

Erstellt von:	Datum:
Version: 1	Seite: 2 von 3

4.3　Freigabe

Vor ihrer Veröffentlichung prüft der BfUM in Zusammenarbeit mit der Abteilung Marketing-Öffentlichkeitsarbeit die Erklärung nach der in Anlage 2 zu UVA 3.4 gezeigten Methode. Erhält der Entwurf der Erklärung eine schlechte Bewertung, wird die Erklärung überarbeitet.

4.4　Veröffentlichung

Eine Kurzversion der Umwelterklärung erhält die lokale Presse. Bei besonderen Anlässen kann das in Form einer Pressekonferenz geschehen.

Die eigentliche Erklärung wird in einer Broschüre abgedruckt, die Mitarbeitern und der interessierten Öffentlichkeit zur Verfügung steht. Die für unsere Standorte zuständigen Umweltschutzbehörden sowie unsere wichtigsten Kunden erhalten die Broschüre zusammen mit einem Anschreiben der Geschäftsleitung.

5　Mitgeltende Unterlagen

Umwelterklärung als Broschüre	Beauftragter für UM
Erklärungen zur Umwelt in Pressemitteilungen	Beauftragter für UM
UVA 3.4, Erstellen und Bewerten der Umwelterklärung	Handbuch
Kataster	Betriebsbeauftragte

Erstellt von:	Datum:
Version: 1	Seite: 3 von 3

1 Zweck

Informieren der öffentlichkeit über Umweltbeeinträchtigungen und Umweltschutzleistungen.

2 Geltungsbereich

Alle Standorte

3 Verantwortlichkeiten

Geschäftsleitung, Öffentlichkeitsarbeit, BfUM, Bbf, andere Fachkräfte

4 Anweisungen

4.1 Entwickeln der Umwelterklärung

Die Umwelterklärung wird für die Öffentlichkeit verfaßt und in knapper, verständlicher Form gemäß der in Anlage 1 gezeigten Inhaltsangabe geschrieben. Technische Unterlagen können beigefügt werden. Die Umwelterklärung der Muster GmbH hat den nachfolgend festgelegten Inhalt. Abweichungen bedürfen der Genehmigung der Geschäftsleitung.

Umwelterklärungen dürfen in keinem Falle veröffentlicht werden, bevor sie nicht nach der nachfolgend festgelegten Methode kontrolliert wurden.

4.2 Bewerten der Umwelterklärung

In der linken Spalte der Anlage 2 werden die Gewichte der Bewertungskriterien eingetragen. Zu vergebende Punkte können sein: 0 = Angabe fehlt, 1 = Angabe unvollständig/unverständlich, 3 = Angabe in Ordnung, 5 = Angabe ist vorbildlich.

Erstellt von:	Datum:
Version: 1	Seite: 1 von 2

In der rechten Spalte wird ein Bewertungsfaktor für jedes Hauptkriterium (z. B. Allgemeine Angaben zum Unternehmen) errechnet. Die Summe der für die Einzelkriterien vergebenen Punkte (Addition der Punkte in der linken Spalte) wird durch die Anzahl der Einzelkriterien geteilt (das kann auch entfallen) und mit einem Gewichtungsfaktor multipliziert. Die Ergebnisse der Hauptkriterien werden addiert und ergeben den Bewertungsfaktor für die gesamte Umwelterklärung. Dieser kann mit einer Liste der von Umweltverbänden oder Behörden bewerteten Umwelterklärungen verglichen werden, um die eigene relative Position zu ermitteln.

5   Mitgeltende Unterlagen

Anlage 1, Inhalt der Umwelterklärung   Handbuch
Anlage 2, Tabelle zur Bewertung von Umwelterklärungen   Handbuch

Erstellt von:	Datum:
Version: 1	Seite: 2 von 2

Inhalt der Umwelterklärung

1 Das Unternehmen und seine Umweltziele

- ❏ Unternehmensgrundsätze, Umweltschutz-Leitlinien
- ❏ Beschreibung der Tätigkeiten des Unternehmens

2 Das Umweltmanagement

- ❏ Darstellung der Elemente des Umweltmanagements
- ❏ Organisatorische Verankerung des Umweltschutzes
- ❏ Genehmigungssituation
- ❏ Beschreibung von Störfällen

3 Produktpolitik und Produkte

- ❏ Art und Menge der hergestellten Produkte
- ❏ Beschreibung der Produktlebensphasen
- ❏ Transport, Verpackung, Recycling, Entsorgung von Produkten

4 Stoff- und Energieaustauschbeziehungen

- ❏ Beschreibung von Vorproduktion und bezogenen Waren
- ❏ Beschreibung der Produktionsprozesse
- ❏ Ergebnisse von Input-Output-Analysen (Öko-Bilanzen)

5 Auswirkungen von Umweltbeeinträchtigungen

- ❏ Ökologische Beurteilung der Stoff- und Energieoutputs
- ❏ Veränderung gegenüber Vorperiode (mehrere Jahre)
- ❏ Umwelt-Kennzahlen
- ❏ Position des Unternehmens im Branchenvergleich
- ❏ Schlußfolgerungen

6 Umweltprogramm

- ❏ Operationalisierte und quantifizierte Ziele, Maßnahmen, Projekte
- ❏ Erreichung oder Nichterreichung der gesetzten Ziele
- ❏ Begründung von Abweichungen

7 Leistungen des Unternehmens

- ❑ zur Vermeidung bzw. Minimierung von Umweltbeeinträchtigungen
- ❑ zur Schonung von Ressourcen und Energie

8 Ergebnisse von Audits

- ❑ Name des Umweltgutachters und anderer Beteiligter
- ❑ Methode der Datenerhebung
- ❑ Angewandte Meßverfahren

9 Forderungen des Unternehmens

- ❑ Kritik an der staatlichen Umweltpolitik
- ❑ Kritik an Anspruchsgruppen (Kunden, Lieferanten, Verbände etc.)
- ❑ sonstige Hindernisse (z. B. Markteinführung umweltfreundlicher Produkte)

10 Sonstiges

- ❑ Termin des nächsten Umweltberichts
- ❑ Ansprechpartner für Fragen und Anregungen

Tabelle zur Bewertung von Umwelterklärungen

Punkte	Haupt- und Einzelkriterien	Gewicht, Summe
1 5 1 1	**1 Allgemeine Angaben zum Unternehmen** a) Standort, Anzahl Beschäftigte, Umsatz b) Produkte c) Produktionsverfahren d) Bezug der Tätigkeiten des Unternehmens zum Umweltschutz	Gewicht: 5 Punkte: 8 ([8:4] x 5=10) Summe: 10
	2 Angaben zur Umweltpolitik a) Stellungnahme der Leitung b) Umweltleitlinien c) Geschichte des Umweltschutzes im Unternehmen	5
	3 Angaben zum Umweltmanagementsystem a) Organisationsplan b) Verantwortlichkeiten und Befugnisse c) Mitarbeiterinformation, Aus- und Weiterbildung d) Verantwortlichkeiten für das Erstellen von Berichten	10
	4 Darstellung der Stoff- und Energieströme a) Massenströme b) Produktionsverfahren c) Systematische Bilanzierung d) Beschreibung der Methoden zur Datenerfassung und Bilanzierung	10
	5 Beschreibung ökologischer Aspekte von Produkten a) Verkaufte Produkte und Dienstleistungen b) Produktlebenszyklen (Vorprodukt bis Entsorgung oder Recycling) c) Produktentwicklung	15
	6 Analyse und Bewertung ökologischer Problemfelder a) Einhaltung gesetzlicher Grenzwerte b) Einhaltung interner Ziele c) Verbesserung gegenüber Vorjahr d) Zuverlässigkeit der Daten	10
	7 Ziele und Umweltprogramm a) Beschreibung der Maßnahmen b) Zielerreichung, Termineinhaltung	15
	8 Einfluß des Umweltschutzes auf die Ertragslage a) Umweltschutz-Kostenrechnung b) Einsparungen	5

$\rightarrow$

Punkte	Haupt- und Einzelkriterien	Gewicht, Summe
	9 Kommunikation a) mit Mitarbeitern b) mit Behörden c) mit Anteilseignern, Banken, Versicherungen d) mit Kunden, Lieferanten e) mit der Öffentlichkeit	*5*
	10 Glaubwürdigkeit a) Auditergebnisse b) Benennung ungelöster Probleme	5
	11 Darstellung a) Klarheit, Übersichtlichkeit b) Kontinuität c) Vollständigkeit d) Ansprechpartner für Rückfragen	5
	12 Zielgruppen-Ansprache a) Benennung von Zielgruppen b) Zielorientierung der Informationen	5

Ein Beispiel ist kursiv eingetragen

Erstellt von:	Datum:
Version: 1	Seite: 1 von 3

1 Zweck

Das systematische Bearbeiten aller zum Umweltmanagement gehörenden Dokumente.

2 Anwendungsbereich

Gesamtes Unternehmen

3 Verantwortlichkeiten

Betreiber und Bbf

4 Regelungen

4.1 Dokumentation des bestimmungsgemäßen Betriebs

Die Dokumentation des Umweltmanagementsystems muß folgenden Anforderungen genügen:

- ❑ umfassende Darstellung von Umweltpolitik, -zielen und -programmen
- ❑ Beschreibung der Schlüsselfunktionen und -verantwortlichkeiten
- ❑ Beschreibung der Wechselwirkungen zwischen den Systemelementen
- ❑ Überwachung der Erfüllung definierter Umweltschutz-Ziele

Dem Nachweis, daß alle gesetzlichen Bestimmungen eingehalten werden, dienen sauber geführte Dokumente über den bestimmungsgemäßen Betrieb der Anlagen und Einrichtungen. Dazu gehören vor allem Planungs- und Überwachungsunterlagen. Besonders zu beachten sind Mitteilungspflichten nach § 52 a BImSchG, Dokumentationspflichten, z. B. nach § 11 AbfG, und Auflagen der Behörden wie Führen eines Tagebuchs zur Abwasserbehandlungsanlage.

Erstellt von:	Datum:
Version: 1	Seite: 2 von 3

4.2 Zusammenführen von Verfahrens- und Arbeitsanweisungen

Qualitätsmanagement, Umweltmanagement und Arbeitssicherheit sind in der Muster GmbH selbständige Systeme, die in eigenen Handbüchern dokumentiert sind. Zu einem späteren Zeitpunkt sollen diese Systeme zusammengeführt werden. Auf Ebene der Verfahrens- und Arbeitsanweisungen jedoch sollen alle Anweisungen von Anfang an integriert werden. Es macht keinen Sinn, beispielsweise Mitarbeitern in der Produktion für einen Vorgang drei verschiedene Anweisungen zu geben. Die Integration müssen die Beauftragten für QM, UM und ASI gewährleisten.

Das bedeutet: Die hier abgedruckten Verfahrens- und Arbeitsanweisungen einschließlich ihrer Anlagen müssen auf Integrationsmöglichkeiten mit Anweisungen des QM und der ASI hin untersucht werden.

Dabei ergibt sich, daß eine Reihe von Umweltschutz-Verfahrens- und -Arbeitsanweisungen unverändert für sich bestehen bleiben müssen (beispielsweise die UVA Erfassen, Dokumentieren und Bewerten von Umwelteinwirkungen, siehe Kap. 2.1), andere aber in den anderen Systemen aufgehen. So kann beispielsweise die UVA Beschaffung (siehe Kap. 3.6.4) in die QVA Beschaffung integriert werden.

4.3 Verzeichnis und Pflege von Dokumenten

Alle zum Umweltmanagement gehörigen Dokumente werden in einer Dokumentenmatrix geführt. Diese Matrix regelt auch, welche Stellen für die Dokumentenbearbeitung zuständig sind. Einzelheiten enthält die UVA 3.5.

5 Mitgeltende Unterlagen

Anhang I, B 5	Öko-Audit-VO
4.3.4 Dokumentation	ISO 14001
UVA 3.5, Führen der Dokumente	Handbuch

Erstellt von:	Datum:
Version: 1	Seite: 3 von 3

1   Zweck

Das systematische Bearbeiten und Ablegen aller zum Umweltmanagement gehörenden Dokumente.

2   Anwendungsbereich

Gesamtes Unternehmen

3   Verantwortlichkeiten

Betreiber und Bbf

4   Anweisungen

Dokumentenmatrix

Zur übersichtlichen Führung der Dokumente und ihres jeweiligen Bearbeitungsstandes wird eine Dokumentenmatrix (siehe Anlage 1) benutzt. Sie zeigt, welche Dokumente existieren, wer für ihre Führung verantwortlich ist, welcher Verteiler festgelegt ist und an welchem Ort die Dokumente wie lange aufbewahrt werden.

Die Matrix enthält:

❑ Dokumente, die im Handbuch enthalten sind
❑ Dokumente, die zum Handbuch gehören, in ihm aber nicht aufbewahrt sein sollen (z.B. Pflichtenübertragungen, Arbeitsanweisungen). Diese Dokumente werden in den Ablagen verschiedener Stellen bzw. Personen geführt.

Alle Dokumente des Umweltmanagements unterliegen folgenden Arbeitsvorgängen:

Erstellt von:	Datum:
Version: 1	Seite: 1 von 2

❑ Erstellen: Erarbeiten von Texten und Kennzeichnen des
                 Dokuments
❑ Prüfen: auf Korrektheit, Vollständigkeit, Durchführbarkeit,
                 Schnittstellen etc.
❑ Freigeben: Kennzeichnen des Dokuments mit Freigabevermerk
❑ Verteilen: an einen festgelegten und ständig zu aktualisierenden
                 Verteiler
❑ Ändern: Bearbeiten von Texten und Kennzeichnen des
                 Dokuments durch die Stelle, die das Dokument
                 freigegeben hat
❑ Zurückziehen: Aussortieren überholter Versionen
❑ Ablegen: Verfügbarhalten eines Dokuments an einem bestimmten
                 Ort
❑ Aufbewahren: Verfügbarhalten eines Dokuments über eine festgelegte
                 Zeit

Für die Richtigkeit der Dokumente und die Bearbeitung dieser Vorgänge ist die herausgebende Stelle verantwortlich. Sie legt auch fest, welche Unterlagen prüfungspflichtig sind. Änderungen müssen rückverfolgbar sein. Dazu sind alle Änderungsprozesse zu dokumentieren. Für das Zurückziehen (Aussortieren, Vernichten) von Unterlagen ist die empfangende Stelle zuständig. Alle Dokumente tragen einen Hinweis auf den Verfasser, das Erstellungs- und Freigabedatum und den Änderungsstand.

Die Aufnahme neuer Dokumente kann jeder Mitarbeiter vorschlagen. Der Umweltausschuß prüft den Vorschlag. Die Genehmigung zur Aufnahme des neuen Dokuments oder der neuen Dokumentengruppe in die Dokumentenmatrix erteilt der BfUM.

5   Mitgeltende Unterlagen

Anlage 1, Dokumentenmatrix   Handbuch
Anlage 2, Ablaufschema zur Änderung von Dokumenten   Handbuch

Erstellt von:	Datum:
Version: 1	Seite: 2 von 2

Dokumentenmatrix

Hand-buch Kap.	Dokumentenname	Ablageort	Prüfung, Freigabe	Letzte Ände-rung	Vertei-ler-schlüssel	Aufbe-wahrung (Jahre)
1	Leitlinien der Umwelt-schutzpolitik	BfUM	1.4. 95	1. 6. 96	A, B, N	5
	Regeln für die Arbeit des Umweltausschusses	Handbuch				
	Sitzungsprotokolle Arbeits-kreis Umweltschutz	BfUM				
	Umweltschutz-Organisati-onsplan	Handbuch				
	Aufgaben- und Zuständig-keitenmatrix	Handbuch				
	Finanzplan Umweltschutz	Leiter Rech-nungswesen				
	Jährlicher Ausbildungsplan	Personal-abteilung				
	Überwachungsplan Aus- und Weiterbildung	BfUM				
	Vertrags- bzw. Auftragzu-sätze für Lieferanten	Leiter Einkauf				
	Übersicht der wichtigsten Rechtsnormen einschließ-lich Handlungsbedarf	BfUM				
	Lose-Blatt-Sammlung Um-weltrecht	BfUM				
	Normen: DIN V 33921, ISO 14001, ISO 14011, ISO 9001	BfUM				
	Öko-Audit-Verordnung	BfUM				
	Muster für Umweltschutz-programm	Handbuch				
	aktuelles Umweltschutz-programm	BfUM				
	Projektpläne zum aktuellen Umweltprogramm	BfUM				
	Handbuch	BfUM				
	Dokumentenmatrix	Handbuch				

Ablaufschema zur Änderung von Dokumenten

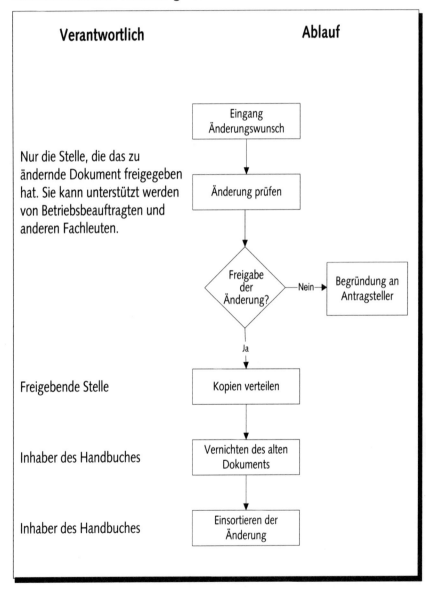

3.6.1   Aufbau- und Ablaufverfahren

3.6.2   Ablaufkontrolle

3.6.3   Umweltschutz-Leistungen

3.6.4   Beschaffen von Material und Leistungen

3.6.5   Vertragsprüfung

3.6.6   Lieferantenauswahl

3.6.7   Genehmigung von Anlagen und Prozessen

3.6.8   Umweltgerechte Produktion und Produktgestaltung

3.6.9   Kataster

3.6.10   Material- und Energieströme

Erstellt von:	Datum:
Version: 1	Seite: 1 von 1

1 Zweck

Festlegen der Abläufe und Verantwortlichkeiten bei Wahrnehmung bestimmter Aufgaben.

2 Anwendungsbereich

Gesamtes Unternehmen

3 Verantwortlichkeiten

Die Geschäftsleitung legt die Instrumente der Ablaufsteuerung und -kontrolle fest. Ausführende sind alle Mitarbeiter mit Umweltschutzaufgaben, besonders Betreiber, deren Hilfskräfte und Betriebsbeauftragte.

4 Regelungen

4.1 Aufbau- und Ablaufverfahren

Diese Verfahren sollen alle Elemente des betrieblichen Umweltschutzes beherrschbar machen, sie sollen plan-, steuer-, überwach- und korrigierbar sein. Dazu nutzt die Muster GmbH folgende Instrumente:

❑ Regelungen im Umweltmanagementhandbuch für den Normalfall und für Abweichungen (Regelungen im voraus)
❑ Vorausschauende Planung von Maßnahmen einschließlich der Kalkulation von Personal- und Mittelbedarf
❑ Verfahrensanweisungen, die den Ablauf von Tätigkeiten beschreiben, in die mehrere Stellen bzw. Personen eingebunden sind
❑ Arbeitsanweisungen, die festlegen, wie umweltrelevante Tätigkeiten auszuführen sind

Erstellt von:	Datum:
Version: 1	Seite: 2 von 4

❏ Anweisungen aus dem Arbeitsschutz, die auch Aussagen zum Umweltschutz enthalten

❏ Kataster zu Anlagen, Gefahrstoffen, Abfällen, Emissionen und Indirekteinleitungen

❏ Überwachungspläne für umweltrelevante Anlagen, Einrichtungen und Tätigkeiten

❏ Kriterien für Umweltschutzleistungen

4.2 Verfahrensanweisungen

Verfahrensanweisungen werden erstellt, wenn zu einem Element des Umweltmanagements umfangreiche und detaillierte Regelungen nötig sind, die den knapp zu haltenden Rahmen des Handbuchs sprengen würden. Alle Verfahrensanweisungen haben folgenden Aufbau:

1 Zweck
2 Anwendungsbereich
3 Verantwortlichkeiten
4 Anweisungen
5 Mitgeltende Unterlagen

Eventuell hinzugefügt werden:
6 Änderungsstand
7 Verteiler.

Punkt 6 zeigt die Änderungshistorie. Punkt 7 gibt an, welche Stellen diese Verfahrensanweisung erhalten.

Verfahrensanweisungen sollen so detailliert sein, wie dies für das Lenken der jeweiligen Tätigkeit notwendig ist. Sie sollen die Verantwortlichkeiten, Befugnisse und Beziehungen zwischen Stellen bzw. Personen beschreiben (möglichst in Ablaufschemata) und angeben, welche Dokumente zu benutzen sind.

Anlage 1 zu diesem Kapitel zeigt die zum Umweltmanagement der Muster GmbH gehörenden Verfahrens- und Arbeitsanweisungen sowie Anlagen.

Erstellt von:	Datum:
Version: 1	Seite: 3 von 4

5   Mitgeltende Unterlagen

Anhang I, B 4 Aufbau- und Ablaufkontrolle   Öko-Audit-VO

4.3.6 Ablaufkontrolle   Norm ISO 14001

Anlage 1, Zum Umweltmanagement der
  Muster GmbH gehörende Anweisungen
  und Anlagen   Handbuch

Erstellt von:	Datum:
Version: 1	Seite: 4 von 4

Zum Umweltmanagement der Muster GmbH gehörige Verfahrens- und Arbeitsanweisungen sowie Anlagen

Kap.	Dokument
	Verfahrensanweisung
2.1	Erfassen, Dokumentieren und Bewerten
2.2	Dokumentation und Pflege von Rechtsnormen
3.1	Ermitteln und Integrieren von Anforderungen
3.4	Erstellen und Bewerten der Umwelterklärung
3.5	Führen der Dokumente
3.6.4	Beschaffen von Material und Leistungen
3.6.6	Lieferantenbewertung
3.6.6	Lieferantenaudit
3.6.8	Vermeiden von Emissionen
3.6.8	Vermeiden von Abwasserbelastungen
3.6.8	Vermeiden und Wiederverwerten von Abfällen
3.6.8.4	Ökologische Produktbewertung
4.4	Umweltbetriebsprüfung, Validierung
	Arbeitsanweisung
3.6.9	Gefahrstoffkataster
3.6.9	Anlagenkataster
3.6.9	Emissionskataster
3.6.9	Abwasserkataster
3.6.9	Abfallkataster
4.1	Überwachungsplan Emulsionstrennanlage
	Anlagen
1	Leitlinien der Umweltpolitik
2.1	Methode zur Erfassung und Bewertung von Umwelteinwirkungen

$\longrightarrow$

Kap.	Dokument
	Anlagen
2.1	Liste der Umwelteinwirkungen
2.2	Übersicht der für die Muster GmbH relevanten Rechtsnormen und Richtlinien
2.2	Handlungsbedarf aus relevanten Rechtsnormen und Richtlinien
2.2	Ermitteln relevanter Rechtsnormen und Beschreiben des Handlungsbedarfs
2.4	Übersichtsformular zum Umweltschutzprogramm
2.4	Projektblatt zum Umweltschutzprogramm
3.1	Methode zur Ermittlung und Integration der sich aus dem Umweltmanagementsystem ergebenden Anforderungen
3.1	Aufgaben- und Zuständigkeitenmatrix
3.1	Auszug aus dem Umweltschutz-Organisationsplan der Muster GmbH
3.2	Pflichtseminar für Führungskräfte der Muster GmbH
3.2	Planung und Überwachung von Umweltschutzausbildungen
3.3	Ablaufschema Externe Kommunikation
3.4	Inhalt der Umwelterklärung
3.4	Tabelle zur Bewertung von Umwelterklärungen
3.5	Dokumentenmatrix
3.5	Ablaufschema zur Änderung von Dokumenten
3.6.1	Zum Umweltmanagement der Muster GmbH gehörige Verfahrens- und Arbeitsanweisungen
3.6.3	Kennzahlen
3.6.3	Systematik der Arbeit der KVP-Gruppen
3.6.4	Ablaufschema Beschaffung und Prüfung
3.6.5	Zusatz zu den Allgemeinen Auftragsbedingungen der Muster GmbH: Bestimmungen zum Schutz der Umwelt
3.6.6	Hauptkriterien für die umweltschutzbezogene Lieferantenbewertung
3.6.6	Ablaufschema Lieferantenaudit
3.6.7	Ablaufschema Genehmigungen

$\longrightarrow$

Kap.	Dokument
	Anlagen
3.6.8	Inhaltsangabe des Abfallwirtschaftskonzepts
3.6.8	Getrennt zu sammelnde Abfallarten
3.6.8	Methode zur ökologischen Erstbewertung von Produkten
3.6.8	Bewertungstabelle zu Fertigungsverfahren
3.6.9	Gefahrstoffkataster
3.6.9	Anlagenkataster, Feuerungsanlage
3.6.9	Emissionsquellen und Emissionen
3.6.9	Einleitekataster
3.6.9	Abfallbilanz
3.6.10	Modell für die Bilanzierung und Bewertung von Material- und Energie-strömen
3.7	Ablaufschema Melden und Entscheiden
3.7	Muster für ein »Unfallszenario«
4.1.1	Anlagen und dafür geltende Überwachungspflichten
4.1.1	Überwachungsplan/-protokoll Abwasser
4.1.2	Behördliche Überwachungsaktivitäten
4.4	Ablauf eines Audits
4.4	Ablauf Umweltbetriebsprüfung und Validierung
4.4	Liste der Hauptfragen zu Umweltaudits
4.4	Planung eines Bereichsaudits
4.4	Fragetechnik
4.4	Bericht über die Umweltprüfung
4.4	Umweltprüfung (Ist-Analyse) zu Beginn eines Umweltmanagementpro-jekts

1 Zweck
2 Anwendungsbereich
3 Verantwortlichkeiten
4 Regelungen
5 Mitgeltende Unterlagen

1   Zweck

Festlegen von Kontrollen der Ablaufsteuerung

2   Anwendungsbereich

Gesamtes Unternehmen

3   Verantwortlichkeiten

Für das Kontrollieren umweltrelevanter Abläufe sind Betreiber, deren Mitarbeiter und Betriebsbeauftragte zuständig.

4   Regelungen

Das Einhalten der Anforderungen, die das Unternehmen im Rahmen seiner Umweltpolitik, seines Umweltprogramms und seines Umweltmanagementsystems für den Standort definiert hat, sind zu kontrollieren. Dies schließt ein

❑ das Spezifizieren und Dokumentieren der für die Kontrolle anzuwendenden Verfahren,
❑ das Definieren von Maßnahmen (im voraus), die im Falle unbefriedigender Ergebnisse zu ergreifen sind.

Zur Durchführung dieser Kontrollen werden folgende Informationen genutzt:

❑ im Handbuch enthaltene Regelungen
❑ Verfahrensanweisungen, Arbeitsanweisungen, Organisationsrichtlinien etc.
❑ relevante Rechtsnormen
❑ behördliche Auflagen
❑ Forderungen aus der Öko-Audit-Verordnung bzw. der ISO 14000-Serie

Erstellt von:	Datum:
Version: 1	Seite: 2 von 3

5 Mitgeltende Unterlagen

Kap. 3.6.1, Aufbau- und Ablaufverfahren   Handbuch

1   Zweck

Definition der Arten von Umweltschutz-Leistungen, der Kriterien für ihre Messung und der Maßnahmen zu ihrer kontinuierlichen Verbesserung.

2   Anwendungsbereich

Alle Unternehmensbereiche

3   Verantwortlichkeiten

Inhaltliche und methodische Anregungen sind vom BfUM zusammen mit den Bbf auszuarbeiten und der Geschäftsleitung zur Entscheidung vorzulegen. Für das Errechnen der Kennzahlen (siehe Anlage 1) sind die Betreiber genehmigungsbedürftiger Anlagen und die Verantwortlichen für umweltrelevante Einrichtungen und Tätigkeiten zuständig.

4   Regelungen

4.1   Arten von Umweltschutz-Leistungen

Als Umweltschutzleistungen werden alle Vorgänge definiert, die

- ❑ der verbesserten Drosselung oder Vermeidung von Emissionen in Luft, Abwasser und/oder Boden dienen,
- ❑ der Vermeidung und Wiederverwertung von Abfällen dienen,
- ❑ Beeinträchtigungen von Menschen, Flora und Fauna reduzieren,
- ❑ im Umweltprogramm enthalten sind,
- ❑ zur Planung und Überwachung gehören.

Bei der Definition von Umweltschutz-Leistungen ist unerheblich, ob eine Leistung aufgrund einer gesetzlichen Regelung erbracht werden muß oder

Erstellt von:	Datum:
Version: 1	Seite: 2 von 5

ob sie aufgrund der Selbstverpflichtung der Unternehmensleitung freiwillig erbracht wird.

4.2 Kriterien zur Leistungsmessung

Kriterien für das Messen von Umweltschutzleistungen sind schriftlich als interne Anweisung in Anlehnung an den ISO-Entwurf »Environmental Performance Evaluation« festzulegen und ständig zu aktualisieren. In der Muster GmbH werden Leistungsmesssungen durchgeführt anhand von

❑ Vergleichen von Überwachungsergebnissen (z. B. Reduzierung des Abfallaufkommens über die letzten drei Jahre),
❑ ökonomischen und ökologischen Kennzahlen (siehe Anlage 1).

Ökonomische Kennzahlen werden gebildet für

❑ Umweltschutzinvestitionen (in Prozent vom Umsatz des Unternehmens)
❑ Personaleinsatz und Ausbildungsaufwendungen
❑ Kosten, Arten und Mengen der Abfallentsorgung
❑ Kosten, Maßnahmen und Ergebnisse der Drosselung und Vermeidung von Emissionen
❑ Kosten des Umweltmanagements

Ökologische Kennzahlen werden ermittelt für die Effizienz von

❑ Material- bzw. Rohstoffeinsatz
❑ Betriebsstoffeinsatz
❑ Wasser- und Energienutzung
❑ Abfallentsorgung

Für die Wirksamkeit und Wirtschaftlichkeit der Abluftbehandlung werden vorerst keine Kennzahlen definiert. Für diesen Bereich müssen brauchbare Methoden der Leistungsdefinition und -messung noch entwickelt werden.

Erstellt von:	Datum:
Version: 1	Seite: 3 von 5

4.3 Bewerten von Leistungen

Kennzahlen und andere Leistungsdaten stellen die Betreiber mit den Betriebsbeauftragten und dem BfUM in vierteljährlichen Abständen zusammen und bewerten sie. Die Bewertung bezieht sich auf die ermittelten Veränderungen der Werte gegenüber dem vorhergegangen Betrachtungszeitraum und gegenüber bekannten Unternehmen, mit denen ein »Benchmarking« durchgeführt werden kann. Der BfUM berichtet der Geschäftsleitung über Leistungsverbesserungen im jährlichen Umweltbericht.

4.4 Der kontinuierliche Verbesserungsprozeß

Ein wichtiges Ziel des Umweltmanagementsystems ist die kontinuierliche Verbesserung des betrieblichen Umweltschutzes durch

❏ Festlegen und Umsetzen standortbezogener Umweltpolitik, -programme und -managementsysteme,
❏ systematisches, objektives und regelmäßiges Bewerten dieser Instrumente,
❏ Bereitstellen von Informationen über den betrieblichen Umweltschutz für die Öffentlichkeit.

Die Muster GmbH definiert das Umsetzen der Umweltpolitik (mit allen zugehörigen Elementen) als oberste Zielsetzung des kontinuierlichen Verbesserungsprozesses. Der Prozeß nutzt ständig weiterentwickelte Techniken zur Optimierung von Fertigung und Produkten und verwendet Methoden und Werkzeuge zur Behebung von Schwachstellen und zur Änderung menschlichen Verhaltens.

Der BfUM bildet mit den Bbf, den Mitgliedern des Umweltausschusses und anderen interessierten Mitarbeitern KVP-Gruppen (freiwillige Zusammenschlüsse auf Zeit), die an selbst gesteckten Zielen zur Verbesserung des Umweltschutzes der Muster GmbH arbeiten. Die dabei zu beachtenden Regeln zeigt Anlage 2.

Erstellt von:	Datum:
Version: 1	Seite: 4 von 5

5   Mitgeltende Unterlagen

Artikel 1, Artikel 3 und Anhang I, B 4	Öko-Audit-VO
4.2.3, Zielsetzungen und Ziele	ISO 14001
Anlage 1, Kennzahlen	Handbuch
Anlage 2, Systematik der Arbeit der KVP-Gruppen	Handbuch

Kennzahlen

Für die Muster GmbH gelten bis auf weiteres (die Definitionen von Kennzahlen unterliegen einer ständigen Anpassung an neue Erkenntnisse) folgende Kennzahlen:

Bezeichnung	Definition
Belastungen durch Umweltschutz	$\dfrac{\text{Am Standort erwirtschafteter Ertrag}}{\text{Investitionen und Kosten für den Umweltschutz}}$
Energieträgerquote	$\dfrac{\text{Menge der eingesetzten Energie pro Energieart}}{\text{Gesamtenergieeinsatz}}$
Ressourcenverbrauch eines Produkts	$\dfrac{\text{Verbrauch einer Ressource (kg oder t)}}{\text{Gesamtverbrauch einer Ressource über alle Produkte}}$
Emissionsquote	$\dfrac{\text{Emission eines Stoffs in ein Medium}}{\text{Gesamte Emissionen in das Medium}}$
Abfallquote	$\dfrac{\text{Menge einer Abfallart}}{\text{Gesamte Abfallmenge}}$
Wassernutzungseffizienz	$\dfrac{\text{Menge des Produktionswassers}}{\text{Menge (kg) Produkt}}$
Wasseraufbereitungsquote	$\dfrac{\text{Aufbereitete Wassermenge}}{\text{Gesamter Produktionswassereinsatz}}$

Systematik der Arbeit der KVP-Gruppen

Problemsammlung: Sammeln und Systematisieren der von den KVP-Gruppenmitgliedern benannten Probleme und Schwachstellen

Problemauswahl: Abstimmen der ausgewählten Themen mit dem BfUM, Auswählen eines Problems und Festlegen der zu bearbeitenden Teilprobleme

Problemanalyse: Untersuchen der Ursachen der Teilprobleme

Lösungsvorschläge: Entwickeln von Verbesserungsmöglichkeiten oder anderer Möglichkeiten zur Behebung des Problems

Aktionsplan: Erarbeiten einer Maßnahmenliste

Präsentation: Vorstellen der Problemlösung vor der zuständigen Bereichsleitung, Entscheiden über Annahme und Umsetzung des Vorschlags (eine Ablehnung muß die Bereichsleitung schriftlich begründen).

1

1 Zweck
2 Anwendungsbereich
3 Verantwortlichkeiten
4 Regelungen
5 Mitgeltende Unterlagen
  UVA 3.6.4, Beschaffen von Material und Leistungen

Erstellt von:	Datum:
Version: 1	Seite: 1 von 3

1   Zweck

Beschaffen umweltverträglicher Materialien und Leistungen und Übertragen des eigenen Umweltanspruchs auf Vertragspartner

2   Anwendungsbereich

Einkauf, Materialwirtschaft

3   Verantwortlichkeiten

Leiter Einkauf, Leiter Materialwirtschaft

4   Regelungen

Anforderungen an zu beschaffende Stoffe und Materialien sind – auch bezüglich ihrer voraussichtlichen Umweltwirkung – von der beschaffenden Abteilung so weit als möglich eindeutig und vollständig festzulegen. Stoffe, die bereits als umweltgefährdend eingestuft sind, dürfen in der Muster GmbH nicht verwendet werden. Für Stoffe, deren Verwendung wahrscheinlich eingeschränkt oder verboten wird, ist rechtzeitig Ersatz zu suchen. Welche Stoffe und Materialien umweltgefährdend sind oder voraussichtlich als solche eingestuft werden, teilen die Bbf dem Einkauf mit.

Neue Lieferanten werden vor Vergabe von Aufträgen auf ihre Eignung zur Erfüllung unserer Anforderungen überprüft (siehe Kap. 3.6.6).

Um das Beschaffen umweltgefährdender Stoffe und Materialien zu vermeiden, werden folgende Beschaffungsunterlagen geführt:

❑ Liste von Stoffen, die nicht bestellt werden dürfen
❑ Liste von Stoffen, die durch umweltfreundlichere zu ersetzen sind

Erstellt von:	Datum:
Version: 1	Seite: 2 von 3

❑ Liste von Lieferanten, bei denen nicht bestellt werden darf
❑ Technische Lieferbedingungen

5   Mitgeltende Unterlagen

Anhang I, B 4	Öko-Audit-VO
4.3.6 Ablaufkontrolle	ISO 14001
UVA 3.6.4, Beschaffen von Material und Leistungen	Handbuch
Kap. 3.6.6, Lieferantenauswahl	Handbuch
Kap. 4.4, Umweltmanagementsystem-Audits	Handbuch

Erstellt von:	Datum:
Version: 1	Seite: 3 von 3

1 Zweck

Das Einkaufen nicht umweltgerechter Produkte vermeiden und bei Vertragspartnern auf Einhalten der eigenen Umweltstandards hinwirken.

2 Anwendungsbereich

Gesamtes Unternehmen

3 Verantwortlichkeiten

Für den umweltgerechten Einkauf und die zugehörige Eingangskontrolle sind alle bestellenden Abteilungen, besonders aber Beschaffung und Materialwirtschaft verantwortlich. Sie werden beraten von den Bbf.

4 Anweisungen

4.1 Beschaffungsrichtlinien

Bei Beschaffung gesundheits- und umweltrelevanter Materialien sind die technischen Anforderungen unter Angabe von Grenz- und Richtwerten genau zu spezifizieren. Sofern Normen existieren, genügt der Hinweis darauf.

In Zuliefer- und Dienstleistungsverträgen (beispielsweise Gebäudereinigung) sind die Umweltschutz-Standards der Muster GmbH einzuarbeiten. Bei gleichem Preis und gleicher Qualität von Angeboten bestimmt die Umweltverträglichkeit der Angebote die Beschaffungsentscheidung. Prioritäten (1 = hoch) für Kaufentscheidungen sind wie folgt festgelegt:

1 = Preis
2 = Qualität
3 = Umweltverträglichkeit.

Erstellt von:	Datum:
Version: 1	Seite: 1 von 3

4.2   Beschaffungsablauf

Bestehen bei der Beschaffung Unsicherheiten bezüglich der Umweltrelevanz von Produkten oder Dienstleistungen, ist der zuständige Betriebsbeauftragte einzubeziehen. Materialanforderungen, deren Umweltrelevanz der Einkäufer nicht beurteilen kann und die auch nicht in der Liste der »verbotenen Produkte« stehen, prüft der zuständige Betriebsbeauftragte, der sie freigibt oder sperrt.

4.3   Wareneingangsprüfung

Lieferungen gehen in der Wareneingangsstelle ein. Hier wird die Ware erfaßt und mit Wareneingangsschein versehen. Danach erfolgen Prüfungen. Welche Materialien in welchen Abständen bzw. welcher Frequenz zu prüfen sind, legt der Leiter der Wareneingangsprüfung fest. Von Materialien, für die Grenz- bzw. Richtwerte vorgegeben sind, werden Stichproben in Laboratorien geprüft. Die Wareneingangsprüfung hat sicherzustellen, daß die Stichproben in Abhängigkeit von der verbrauchten Menge und dem Schadstoffanteil genommen werden. Das Ergebnis der Laborprüfung wird im Einkauf abgelegt und fünf Jahre aufbewahrt. Die Beauftragten für Qualität und Umweltschutz erhalten unverzüglich Kopien.

Beanstandete Materialien werden auf Lager gehalten, bis über ihre weitere Verwendung entschieden ist. Diese Entscheidung trifft der Leiter Materialwirtschaft in Zusammenarbeit mit den Beauftragten für Umwelt- und Qualitätsmanagement – wenn nötig, unter Hinzuziehung des Lieferanten. Materialien, die nur geringe Abweichungen von Grenzwerten oder sonstige geringe Fehler aufweisen, können nach Entscheidung der genannten Personen verwendet werden.

Materialien, die bereits beim Hersteller geprüft wurden und deren Prüfung ein Prüfprotokoll belegt, prüft die Wareneingangsprüfung nicht mehr regelmäßig. Stichproben werden in geringerem Umfang weiterhin untersucht.

Alle Prüfungsergebnisse werden statistisch erfaßt. Bei ansteigenden Beanstandungen ist die Bereichsleitung zu informieren. Diese entscheidet, ob ein Lieferantenaudit durchgeführt werden soll.

Bei vielen Unternehmen wird die Wareneingangsprüfung bereits im Rahmen des Qualitätsmanagements geregelt sein. In diesen Fällen sollte die vorhandene Organisation ergänzt und nicht eine neue Organisation neben die bereits vorhandene gestellt werden.

5   Mitgeltende Unterlagen

Anhang I, B 4	Öko-Audit-VO
4.3.6 Ablaufkontrolle	Norm ISO 14001
Anlage 1, Ablaufschema Beschaffung und Prüfung	Handbuch

Erstellt von:	Datum:
Version: 1	Seite: 3 von 3

Ablaufschema Beschaffung und Prüfung

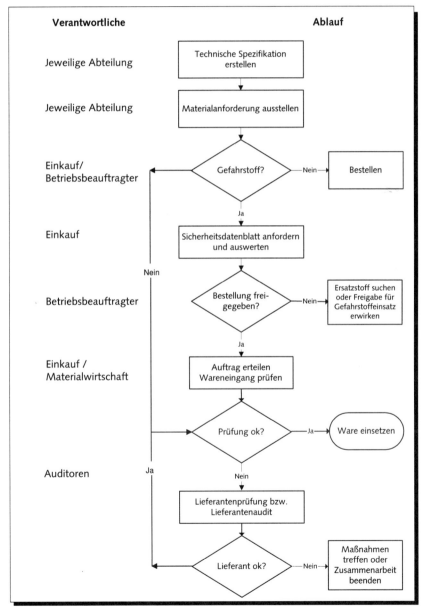

Verantwortliche	Ablauf
Jeweilige Abteilung	Technische Spezifikation erstellen
Jeweilige Abteilung	Materialanforderung ausstellen
Einkauf/ Betriebsbeauftragter	Gefahrstoff? —Nein→ Bestellen
Einkauf	Sicherheitsdatenblatt anfordern und auswerten
Betriebsbeauftragter	Bestellung freigegeben? —Nein→ Ersatzstoff suchen oder Freigabe für Gefahrstoffeinsatz erwirken
Einkauf / Materialwirtschaft	Auftrag erteilen Wareneingang prüfen
	Prüfung ok? —Ja→ Ware einsetzen
Auditoren	Lieferantenprüfung bzw. Lieferantenaudit
	Lieferant ok? —Nein→ Maßnahmen treffen oder Zusammenarbeit beenden

1 Zweck

Gewährleisten, daß alle Vertragspartner die Umweltschutzbestimmungen der Muster GmbH kennen und einhalten.

2 Anwendungsbereich

Einkauf, Rechtsabteilung

3 Verantwortlichkeiten

Der Leiter Einkauf ist gemeinsam mit dem Syndikus für die Richtigkeit der Verträge verantwortlich. Die Betriebsbeauftragten sind für Vorschläge von Umweltschutzregelungen zuständig.

4 Regelungen

Umweltschutzstandards, deren Einhaltung die Muster GmbH von ihren Lieferanten und Auftragnehmern erwartet, werden in Liefer- und Dienstleistungsverträge integriert. Es handelt sich dabei sowohl um Verträge, die das Handeln Dritter auf dem Betriebsgelände regeln (z. B. Verträge mit Reinigungsunternehmen) als auch um Vertragsbestandteile zu größeren einmaligen Projekten (z. B. Bauvorhaben) und der Lieferung von Produkten, Halbzeugen und Hilfsstoffen.

Allen umweltrelevanten Aufträgen, Verträgen und anderen Vereinbarungen wird das Merkblatt »Bestimmungen zum Schutz der Umwelt« beigelegt. Der jeweilige Vertragspartner hat sicherzustellen, daß diese Bestimmungen eingehalten werden. Unternehmen, die auf dem Betriebsgelände der Muster GmbH tätig werden, haben ihre Mitarbeiter über diese Bestimmungen zu informieren.

Das Einhalten der Verträge prüfen die jeweiligen Projektverantwortlichen stichprobenartig. Auch die Bbf haben das Recht, diese Prüfungen durchzuführen. Bestehende Verträge werden nur dann geprüft, wenn sie über den Zeitpunkt der Einführung des UMS hinaus gültig sind. Die Prüfungen werden von den Bbf durchgeführt.

5   Mitgeltende Unterlagen

Anhang I, B 4   Öko-Audit-VO
Anlage 1, Zusatz zu den Allgemeinen Auftrags-
        bedingungen der Muster GmbH:
        Bestimmungen zum Schutz der Umwelt   Handbuch

Erstellt von:	Datum:
Version: 1	Seite: 3 von 3

Zusatz zu den Allgemeinen Auftragsbedingungen der Muster GmbH: Bestimmungen zum Schutz der Umwelt

1. Dem Auftragnehmer sind die einschlägigen umweltschutzrelevanten Vorschriften bekannt. Dazu zählen besonders

❏ die Gesetze, Rechtsverordnungen und Verwaltungsvorschriften von Bund und Ländern,

❏ die Satzungen der Kommunen,

❏ die Regelungen der Europäischen Union sowie

❏ die einschlägigen Regelwerke nichthoheitlicher Regelgeber (DIN-Normen; VDI-Normen; Technische Regeln für Gefahrstoffe etc.).

Der Auftragnehmer verpflichtet sich, auf dem Betriebsgelände des Auftraggebers die einschlägigen umweltschutzrelevanten Vorschriften, die seine Tätigkeit betreffen, einzuhalten.

Der Auftragnehmer bzw. der verantwortliche Mitarbeiter hat den Auftraggeber unverzüglich von allen Vorgängen zu unterrichten, von denen eine Gefahr für die Mitarbeiter, die Umwelt und/oder Dritte ausgehen könnte.

2. Dem Auftragnehmer sind die einschlägigen Vorschriften über den Umgang und das Inverkehrbringen von gefährlichen Stoffen – z. B. die Gefahrstoffverordnung und das Chemikaliengesetzes – bekannt.

Der Auftragnehmer verpflichtet sich, auf dem Betriebsgelände des Auftraggebers die einschlägigen umweltschutzrelevanten Vorschriften, die den Umgang und das Inverkehrbringen von gefährlichen Stoffen betreffen, einzuhalten.

Der Auftragnehmer verpflichtet sich, einer vom Auftraggeber zu benennenden Person unaufgefordert Art, Menge, Standort und Verwendungszweck der benutzten gefährlichen Stoffe zu benennen und die dazugehörigen Sicherheitsdatenblätter zur Verfügung zu stellen.

Der Auftragnehmer muß grundsätzlich alle Arbeiten im Umgang und Inverkehrbringen von gefährlichen Stoffen von ausreichend qualifizierten und geschulten Personen durchführen lassen. Er hat für eine geeignete kontinuierliche Kontrolle dieser Personen zu sorgen.

Der Auftraggeber kann einen schriftlichen Nachweis über die Qualifikation und Schulung des Personals sowie die ordnungsgemäße Durchführung der Kontrollmaßnahmen des Auftragnehmers verlangen. Der Nachweis ist unverzüglich, spätestens aber an dem Arbeitstag, der der Aufforderung zur Abgabe des Nachweises folgt, dem Auftraggeber auf dessen Betriebsgelände vorzulegen.

Der Auftragnehmer hat dem Auftraggeber für die Dauer der Tätigkeit einen verantwortlichen Mitarbeiter für den Umgang und das Inverkehrbringen von gefährlichen Stoffen zu benennen. Der Auftragnehmer bzw. der verantwortliche Mitarbeiter hat den Auftraggeber unverzüglich von allen Vorgängen beim Umgang und Inverkehrbringen von gefährlichen Stoffen zu unterrichten, von denen eine Gefahr für die Mitarbeiter, die Umwelt und/oder Dritte ausgehen könnte.

3. Dem Auftragnehmer sind die einschlägigen Vorschriften über das Entsorgen von Abfällen und Reststoffen – z. B. das Abfallgesetz und die darauf beruhenden Rechtsverordnungen – bekannt.

Der Auftragnehmer verpflichtet sich, die

Vorschriften, die die Entsorgung von Abfällen und Reststoffen betreffen, einzuhalten.

Der Auftragnehmer hat auf dem Betriebsgelände des Auftraggebers für eine getrennte Sammlung von Abfällen und Reststoffen zu sorgen. Die diesbezüglichen Regelungen sind bei dem Umweltschutzbeauftragten des Auftraggebers zu erfragen.

Der Auftraggeber kann fordern, daß dem Auftragnehmer der ordnungsgemäße Transport und die Entsorgung aller im Rahmen seiner Tätigkeit angefallenen Abfälle und Reststoffe obliegt. Der Auftragnehmer hat die Kosten des Transports und der Entsorgung der Abfälle und Reststoffe zu begleichen und dem Auftraggeber in Rechnung zu stellen. Soweit der Auftragnehmer nicht selbst die zum Transport und der Entsorgung von herkömmlichen, überwachungsbedürftigen und besonders überwachungsbedürftigen Abfällen notwendigen Genehmigungen vorweisen kann, muß er ein Unternehmen beauftragen, das die notwendigen Genehmigungen zum Transport und der Entsorgung von Abfällen vorweisen kann. Dem Auftragnehmer obliegt die geeignete und kontinuierliche Kontrolle des Transports und der Entsorgung durch das Abfallentsorgungsunternehmen. Der Auftragnehmer hat dem Auftraggeber die Einsammlungs- und Beförderungsgenehmigung sowie die Entsorgungsnachweise vorzulegen.

Der Auftragnehmer hat dem Auftraggeber für die Dauer der Tätigkeit einen geschulten verantwortlichen Mitarbeiter für den Transport und die Entsorgung von Abfällen und Reststoffen zu benennen. Der Auftragnehmer bzw. der verantwortliche Mitarbeiter hat den Auftraggeber unverzüglich von allen Vorgängen beim Transport und der Entsorgung von Abfällen und Reststoffen zu unterrichten, von denen eine Gefahr für die Mitarbeiter, die Umwelt und/oder Dritte ausgehen könnte.

4. Der Auftragnehmer haftet für alle Schäden, die

❑ bei Umgang und Inverkehrbringen von gefährlichen Stoffen,

❑ bei Transport und/oder der Entsorgung von Abfällen oder Reststoffen und

❑ bei allen sonstigen Tätigkeiten

auf dem Gelände des Auftraggebers entstehen. Es besteht eine umfassende Sanierungspflicht für alle Boden- und Wasserkontaminationen.

Soweit ein begründeter Verdacht für eine Kontamination des Bodens und/oder von Grund- bzw. Oberflächenwasser besteht, hat der Auftragnehmer die Kosten für privaten und öffentliche Gefahrerforschungsmaßnahmen zu tragen. Können sich Auftraggeber und Auftragnehmer nicht über die Notwendigkeit von Gefahrerforschungsmaßnahmen einigen, ist zur verbindlichen Klärung dieser Frage von der Industrie- und Handelskammer . . . ein sachverständiger Gutachter zu benennen. Die Kosten des Gutachters tragen anteilig der Auftraggeber und der bzw. die Auftragnehmer zu gleichen Teilen.

Kommen mehrere Auftragnehmer als Verursacher in Betracht, ohne daß ein einzelner Auftragnehmer als Verursacher ermittelt werden kann, haften die in Betracht kommenden Auftragnehmer sowohl für die Kosten der Gefahrerforschungsmaßnahmen als auch für der Sanierung als Gesamtschuldner.

Kommt der Auftragnehmer oder einer seiner Subunternehmer seinen Verpflichtungen

2

❏ beim Umgang und/oder Inverkehrbringen von gefährlichen Stoffen,

❏ beim Transport und/oder der Entsorgung von Abfällen oder Reststoffen und

❏ bei Erfüllung aller sonstigen umweltschutzrelevanten Pflichten

nicht ordnungsgemäß nach, kann der Auftraggeber ihm eine Frist zur unverzüglichen Erfüllung dieser Pflichten setzten. Nach Ablauf dieser Frist ist der Auftraggeber berechtigt, zu Lasten des Auftragnehmers einen Dritten mit der Erfüllung dieser Pflichten zu beauftragen. Für diesen Fall hat der Auftragnehmer eine Verwaltungsgebühr von 10 Prozent der anfallenden Kosten, mindestens aber 50 DM an den Auftraggeber zu zahlen. Bei schuldhafter Pflichtverletzung hat der Auftragnehmer eine Vertragsstrafe verwirkt.

Bei Gefahr in Verzug kann unverzüglich – ohne Setzen einer Frist – ein Dritter mit Erfüllung der Pflichten beauftragt werden.

Bei vorsätzlicher oder grob fahrlässiger Pflichtverletzung ist der Auftraggeber berechtigt, den Vertrag zu kündigen.

5. Soweit dem Auftragnehmer die Beauftragung von Subunternehmern gestattet ist, muß er sicherstellen, daß die Subunternehmer sachlich und fachlich ausreichend geschult und qualifiziert zur Durchführung der ihnen übertragenen Arbeiten sind. Der Auftragnehmer gibt dem/den Subunternehmer/n die Bestimmungen

zum Schutz der Umwelt bekannt. Diese gelten auch für die Subunternehmer. Der Auftragnehmer sorgt für eine geeignete und kontinuierliche Kontrolle der Subunternehmer und dokumentiert diese. Soweit die Subunternehmer nach diesen Bestimmungen Mitteilungs- und/oder Mitwirkungspflichten treffen, hat der Auftragnehmer die ordentliche Wahrnehmung dieser Pflichten durch Sammlung der erforderlichen Dokumente bzw. Kontrollbögen zu dokumentieren.

Der Auftraggeber kann einen schriftlichen Nachweis über die Qualifikation, die Bekanntgabe der Bestimmungen zum Schutz der Umwelt, die Wahrnehmung der sich daraus ergebenden Pflichten sowie die ordnungsgemäße Durchführung der Kontrollmaßnahmen des Auftragnehmers verlangen. Der Nachweis ist unverzüglich, spätestens aber an dem Arbeitstag, der der Aufforderung zur Abgabe des Nachweises folgt, dem Auftraggeber auf dessen Betriebsgelände vorzulegen. Der Auftragnehmer haftet selbständig neben dem/den Subunternehmer/n für alle Schäden, die von dem/den Subunternehmer/n, die in seinem Auftrag tätig werden, verursacht werden.

6. Bei einem von den zuständigen Verwaltungs- oder Strafverfolgungsbehörden festgestellten Verstoß des Auftragnehmers und/oder eines Subunternehmers gegen umweltschutzrelevante Bestimmungen, kann der Auftraggeber und ggf. der Subunternehmer von weiteren Aufträgen ausgeschlossen werden.

Autor: Christoph Schmihing, Rechtsanwalt

1 Zweck
2 Anwendungsbereich
3 Verantwortlichkeiten
4 Regelungen
5 Mitgeltende Unterlagen
   UVA 3.6.6.1, Lieferantenbewertung
   UVA 3.6.6.2, Lieferantenaudit

1   Zweck

Bewerten der Fähigkeit von Vertragspartnern, die bei Auftragsvergaben spezifizierten Umweltschutzanforderungen einzuhalten und Bewerten der von Vertragspartnern eingehaltenen Umweltschutzstandards.

2   Anwendungsbereich

Einkauf, Qualitätsmanagement, Marketing, Vertrieb

3   Verantwortlichkeiten

BfUM, Bbf, Leiter Qualitätsmanagement

4   Regelungen

Das Bewerten von Vertragspartnern soll Mängel bei der Lieferung von Produkten und Dienstleistungen und den Ausfall von Lieferanten – beispielsweise durch Schließung von deren Betrieb – vermeiden.

Die Fähigkeit zur Einhaltung spezifizierter Anforderungen an Produkte und Dienstleistungen steht in engem Zusammenhang mit der Existenz und Funktionsfähigkeit von Managementsystemen für Qualität und Umwelt. Daher wirkt die Muster GmbH auf ihre Vertragspartner ein, solche Systeme zu installieren.

Die Muster GmbH zieht Beratungs- und Überzeugungsarbeit bei Vertragspartnern der Kontrolle vor. Nur wenn es unbedingt erforderlich ist, führen wir Prüfungen (Lieferantenaudits) durch.

Alle Vertragspartner können das Umweltmanagementhandbuch in der für Lieferanten und Kunden erstellten Version, die keine vertraulichen Angaben enthält, anfordern und sich darüber hinaus mit unseren Betriebsbeauftragten über Fragen des Umweltschutzes beraten. Methoden und Werkzeu-

Erstellt von:	Datum:
Version: 1	Seite: 2 von 3

ge, die von der Muster GmbH genutzt werden, stehen auch unseren Vertragspartnern zur Verfügung. Das Ziel der Muster GmbH ist es, so zu produzieren, daß

❏ die Umwelt möglichst wenig durch Schadstoffe belastet wird,
❏ Materialien und Energien sparsam verwendet werden und
❏ die Funktionalität und Qualität erreicht wird, die unsere Kunden von uns erwarten.

Die Muster GmbH erwartet von ihren Vertragspartner das Einhalten ähnlicher Ziele.

5   Mitgeltende Unterlagen

Anhang I, B 4 b   Öko-Audit-VO
4.3.6 Ablaufkontrolle   Norm ISO 14001
UVA 3.6.6.1, Lieferantenbewertung   Handbuch
UVA 3.6.6.2, Lieferantenaudit   Handbuch

1　Zweck

Bewerten der Fähigkeit von Vertragspartnern, die bei Auftragsvergaben spezifizierten Umweltschutzanforderungen einzuhalten und Bewerten der Umweltschutzstandards von Vertragspartnern.

2　Anwendungsbereich

Alle Unternehmensbereiche, alle Standorte

3　Verantwortlichkeiten

Leiter des Qualitätsmanagements, BfUM, die jeweiligen Bbf

4　Anweisungen

4.1　Bewertung von Lieferanten

Neben den üblichen Kriterien der Lieferantenbewertung wie Zuverlässigkeit, technische Fähigkeiten etc. hat für die Muster GmbH die Einstellung der Unternehmensleitung zu ihrer gesellschaftlichen Verantwortung große Bedeutung. Die Muster GmbH will auf Dauer nicht mit Geschäftspartnern zusammenarbeiten, die mit der Umwelt nicht verantwortungsvoll umgehen. Daher nehmen wir Bewertungen unserer Lieferanten vor und entscheiden von Fall zu Fall, ob weitere Maßnahmen zu ergreifen sind.

Die Bewertung folgt dem Schema in Anlage 1 zu diesem Kapitel. Die Stabsabteilungen Qualitätsmanagement und Umweltmanagement führen sie ohne Beteiligung des Zulieferers durch. Die Bewertung führt zu einer Benotung. Die wiederum hat zur Konsequenz, daß die Geschäftsbeziehung mit dem Lieferanten für gut befunden oder abgebrochen wird. Bei Bewertungen zwischen den Extremen wird der Lieferant auditiert und beraten.

Erstellt von:	Datum:
Version: 1	Seite: 1 von 2

Ein wirkungsvolles Mittel zum genaueren Kennenlernen der Umweltschutzsituation des Vertragspartners ist das Lieferantenaudit.

Anlaß der Prüfung	Art der Prüfung
Bei Neuaufnahme eines Zulieferers	– Bonitätsprüfung – technisch/wirtschaftliche Prüfung – Lieferantenbewertung
Bei einem schlechten Ergebnis der Lieferantenbewertung	– Beratung des Lieferanten – Lieferantenaudit gemäß Verfahrensanweisung . . .
Bei wiederholten Reklamationen der Qualitätssicherung oder der Endbenutzer	– Prüfung der Gründe – Lieferantenaudit gemäß Verfahrensanweisung . . .

4.2 Bewerten von Standorten der Muster GmbH durch unsere Vertragspartner

So wie wir bei unseren Lieferanten auf die Einhaltung unserer Spezifikationen achten und auf modernen Umweltschutz und umweltverträgliche Produkte hinwirken, so sind unsere Auftraggeber gehalten, uns zu beraten und Bewertungen durchzuführen. Die Muster GmbH sieht in solchen Bewertungen eine Chance zur Verbesserung ihrer Leistungsfähigkeit.

5 Mitgeltende Unterlagen

Anhang I, B 4 b   Öko-Audit-VO
4.3.6 Ablaufkontrolle   ISO 14001
Anlage 1, Hauptkriterien für die umweltschutzbezogene
         Lieferantenbewertung   Handbuch

Erstellt von:	Datum:
Version: 1	Seite: 2 von 2

Hauptkriterien für die umweltschutzbezogene Lieferantenbewertung
(neben diesen können weitere Kriterien entwickelt werden)

Bewertung	Kriterien
sehr gut	Beschaffungsspezifikationen wurden bisher immer eingehalten.
	Der Betrieb hat eine ganzheitliche Schwachstellenanalyse durchgeführt.
	Ein Umweltmanagement ist aufgebaut und zertifiziert oder die Zertifizierung ist beantragt.
	Der Betrieb zeichnet sich durch eingeführte Praktiken (Emissionsarme Verfahren, Ressourceneinsparung etc.) aus, die über die gesetzlichen Vorschriften hinausgehen. Verbliebene Schwachstellen werden offen kommuniziert.
gut	Beschaffungsspezifikationen wurden bisher immer eingehalten.
	Eine umweltorientierte Unternehmenspolitik ist vorhanden. Ein Umweltmanagement befindet sich im Aufbau. Die Zertifizierung ist vorgesehen.
	Teilaudits wurden bereits durchgeführt. Bei Einkauf und Produktentwicklung werden ökologische Kriterien berücksichtigt. Fachkundige Beratung wird genutzt.
befriedigend	Es kam zu einzelnen Abweichungen von Beschaffungsspezifikationen.
	Verantwortung für den Umweltschutz wird empfunden. Die vorhandene Umweltschutzorganisation ist ausreichend, um Überwachungen und Korrekturen sicherzustellen. Der Aufbau eines Umweltmanagements ist aus wirtschaftlichen Gründen für einen späteren Zeitpunkt vorgesehen.
	Konzepte wie Abfallwirtschaftskonzept sind in Entwicklung. Verbesserungen im technischen Bereich sind nachprüfbar in Vorbereitung.
ausreichend	Es kam zu Abweichungen von Beschaffungsspezifikationen.
	Das Niveau des Umweltschutzes ist durch die gesetzlichen Vorschriften begrenzt. Der Aufbau eines Umweltmanagements ist nicht vorgesehen.
	Aktivitäten kommen nur durch externen Druck (z.B. von Vertragspartnern) zustande.

$\longrightarrow$

Bewertung	Kriterien
mangelhaft*	Beschaffungsspezifikationen wurden häufig nicht eingehalten.
	Über den Betrieb sind Umweltschutzdefizite bekannt geworden (Ressourcenverschwendung, Einsatz toxischer Substanzen, Ärger mit Nachbarn).
	Die Unternehmensleitung betrachtet den Umweltschutz als unzumutbare Belastung.
ungenügend *	Der Betrieb hat schwerwiegende Umweltbeeinträchtigungen verursacht (z. B. verbotene Abwassereinleitung).
	Die Geschäftsleitung zeigt – außer bei behördlichen Auflagen – keine Bereitschaft, die Schwachpunkte zu korrigieren.

* Die Bewertungen mangelhaft und ungenügend führen zu Lieferantenaudits oder direkt zur Beendigung der Zusammenarbeit. Bei den Bewertungen befriedigend und ausreichend wird Unterstützung angeboten, die mit einem Kurzaudit beginnen kann.

1 Zweck

Prüfen der Fähigkeit, Lieferspezifikationen einzuhalten und Prüfen, ob die Umweltschutzstandards des Vertragspartners den eigenen Vorstellungen entsprechen.

2 Anwendungsbereich

Qualitätsmanagement, Beschaffung, Materialwirtschaft und Umweltmanagement

3 Verantwortlichkeiten

Die Geschäftsleitung entscheidet, bei welchen Unternehmen und mit welchem Inhalt Audits durchgeführt werden; die Mitarbeiter des Qualitäts- und Umweltmanagements bereiten die Audits vor. Der Bereich Beschaffung fordert eine Auditierung an.

4 Regelungen

Lieferantenaudits werden wie interne Audits gehandhabt. Das Audit-Team prüft nach Möglichkeit (um Belastungen und Kosten bei uns und unseren Lieferanten gering zu halten) die Bereiche Qualität, Umweltschutz und Gesundheitsschutz in einem einzigen Lieferantenaudit. Bei Lieferanten, die kein Umweltmanagementsystem nach der Öko-Audit-Verordnung installiert haben, wird die Audit-Fragenliste Anlage 2 zu UVA 4.4 benutzt. Lieferanten, die über ein Umweltmanagement verfügen, werden nur punktuell nach individuell erstellten Fragelisten geprüft. Lieferanten, deren Umweltmanagement validiert oder zertifiziert ist, werden nicht geprüft (Reduzieren unseres Aufwands). Bei Unstimmigkeiten werden solche Lieferanten schriftlich um Behebung des Mißstands gebeten. Anlässe für Lieferantenaudits sind:

Erstellt von:	Datum:
Version: 1	Seite: 1 von 2

❏ Ergebnisse der Lieferantenbewertung sind negativ
❏ bei Wareneingangsprüfungen treten wiederholt Abweichungen von Produktspezifikationen auf
❏ die Qualitätssicherung stellt Mängel fest oder Kundenreklamationen lassen vermuten, daß zugelieferte Waren fehlerbehaftet sind

5   Mitgeltende Unterlagen

Anlage 1, Ablaufschema Lieferantenaudit   Handbuch

Ablaufschema Lieferantenaudit

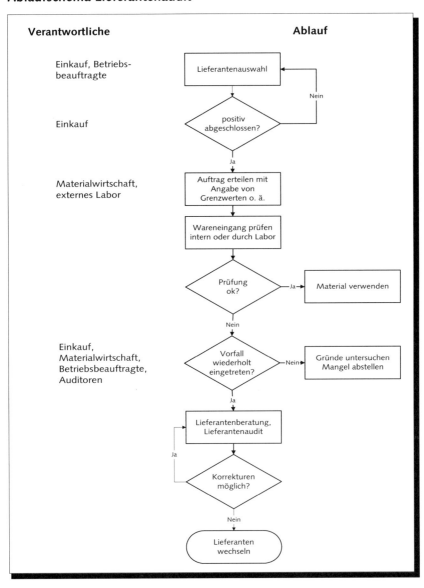

Verantwortliche   **Ablauf**

Einkauf, Betriebs-
beauftragte
　　　　　Lieferantenauswahl

　　　　　　　　　　　　　　　　　Nein

Einkauf
　　　　　positiv
　　　　abgeschlossen?

　　　　　　Ja

Materialwirtschaft,
externes Labor
　　　　Auftrag erteilen mit
　　　　Angabe von
　　　　Grenzwerten o. ä.

　　　　Wareneingang prüfen
　　　　intern oder durch Labor

　　　　　Prüfung
　　　　　ok?　　　Ja　　Material verwenden

　　　　　Nein

Einkauf,
Materialwirtschaft,
Betriebsbeauftragte,
Auditoren
　　　　Vorfall
　　　　wiederholt
　　　　eingetreten?　　Nein　　Gründe untersuchen
　　　　　　　　　　　　　　Mangel abstellen

　　　　　Ja

　　　　Lieferantenberatung,
　　　　Lieferantenaudit

　　Ja

　　　　Korrekturen
　　　　möglich?

　　　　　Nein

　　　　Lieferanten
　　　　wechseln

Erstellt von:	Datum:
Version: 1	Seite: 1 von 3

1   Zweck

Vermeiden des Betriebs nicht genehmigter Anlagen, Beantragen von Betriebsgenehmigungen und Überwachen des Genehmigungsstandes.

2   Anwendungsbereich

Bereiche, die genehmigungsbedürftige Anlagen betreiben

3   Verantwortlichkeiten

Für das Beantragen und Aufrechterhalten von Genehmigungen ist der Leiter Technik zuständig. Die Bbf und die Betreiber unterstützen ihn bei dieser Aufgabe.

4   Regelungen

4.1   Vermeiden von Rechtsunsicherheiten

Der BfUM stellt in Zusammenarbeit mit den Bbf und Produktionsleitern sicher, daß der Betrieb ungenehmigter Anlagen und Einrichtungen und ungenehmigte Tätigkeiten vermieden werden. Er hat auch Möglichkeiten zur Vermeidung von Genehmigungen zu eruieren und alternative Lösungen vorzuschlagen (z. B. Umgehen einer Genehmigung durch bauliche Maßnahmen oder durch die Begrenzung von Stoffmengen). In Grenzbereichen entscheidet die Geschäftsleitung.

4.2   Beantragen von Genehmigungen

Das Erarbeiten von Genehmigungsunterlagen ist Aufgabe der Abteilung Technik. Unterstützung erhält sie von den zuständigen Betriebsbeauftragten und den Betreibern. Bevor Genehmigungsanträge das Haus verlassen,

Erstellt von:	Datum:
Version: 1	Seite: 2 von 3

ist von den Bbf eine Qualitätskontrolle durchzuführen (Vollständigkeit, Korrektheit etc.).

4.3 Überwachen des Genehmigungsstandes

Das Verfolgen des behördlichen Genehmigungsvorgangs ist Aufgabe des Leiters Technik. Er hat persönlich dafür zu sorgen, daß unnötige Zeitverzögerungen vermieden werden. Von Behörden durchzuführende Abnahmen sind intern vorzubereiten, um diese zu beschleunigen. Nach Erteilung der Genehmigung werden alle Genehmigungsdaten in das Umweltinformationssystem und in das Instandhaltungssystem eingegeben. Mit Hilfe des Instandhaltungssystems werden Änderungsstände genehmigungspflichtiger Anlagen und Mitteilungspflichten überwacht. Außer in den genannten EDV-Programmen werden Daten genehmigungspflichtiger Anlagen auch in Überwachungsplänen und Anlagenkatastern geführt (siehe Kap. 3.6.9).

5 Mitgeltende Unterlagen

Anlage 1, Ablaufschema Genehmigungen   Handbuch
Kap. 3.6.9, Kataster   Handbuch
Kap. 2.2, Rechtsnormen   Handbuch

Ablaufschema Genehmigungen

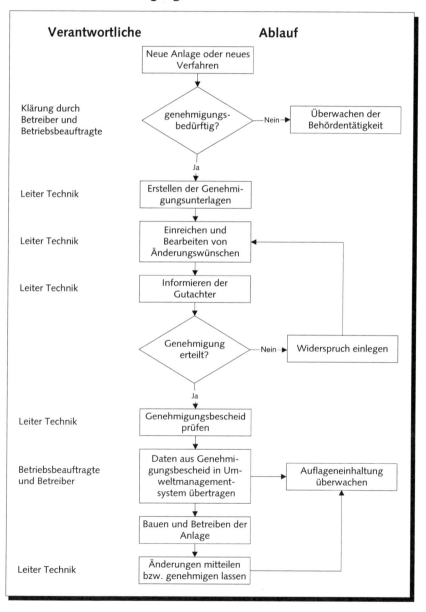

Verantwortliche **Ablauf**

Neue Anlage oder neues Verfahren

Klärung durch Betreiber und Betriebsbeauftragte — genehmigungsbedürftig? — Nein → Überwachen der Behördentätigkeit

Ja

Leiter Technik — Erstellen der Genehmigungsunterlagen

Leiter Technik — Einreichen und Bearbeiten von Änderungswünschen

Leiter Technik — Informieren der Gutachter

Genehmigung erteilt? — Nein → Widerspruch einlegen

Ja

Leiter Technik — Genehmigungsbescheid prüfen

Betriebsbeauftragte und Betreiber — Daten aus Genehmigungsbescheid in Umweltmanagementsystem übertragen → Auflageneinhaltung überwachen

Bauen und Betreiben der Anlage

Leiter Technik — Änderungen mitteilen bzw. genehmigen lassen

1   Zweck
2   Anwendungsbereich
3   Verantwortlichkeiten
4   Regelungen
4.1   Umweltschutz in der Entwicklung
4.2   Produktionsintegrierter Umweltschutz
5   Mitgeltende Unterlagen
    UVA 3.6.8.1, Vermeiden von Emissionen
    UVA 3.6.8.2, Vermeiden von Abwasserbelastungen
    UVA 3.6.8.3, Vermeiden und Wiederverwerten von Abfällen
    UVA 3.6.8.4, Ökologische Produktbewertung

Erstellt von:	Datum:
Version: 1	Seite: 1 von 3

1 Zweck

Reduzieren und – sofern mit wirtschaftlich vertretbaren Maßnahmen möglich – Vermeiden von Umweltbeeinträchtigungen durch Fertigungsprozesse, unfallbedingten Emissionen und Produkte.

2 Anwendungsbereich

Gesamtes Unternehmen

3 Verantwortlichkeiten

Verantwortlich für das Beachten des Umweltschutzes bei Design und Konstruktion sind der Leiter der Entwicklungsabteilung und die Leiter der Produktionsbereiche. Für das Reduzieren und Vermeiden von Umweltbeeinträchtigungen bei Produktionsprozessen sind die Betreiber genehmigungsbedürftiger Anlagen und die für umweltrelevante Tätigkeiten zuständigen Personen verantwortlich. Der BfUM und die Bbf haben beratende und überwachende Aufgaben.

4 Regelungen

4.1 Umweltschutz in der Entwicklung

Die Muster GmbH verfolgt die Zielsetzung, den Umweltschutz in Design und Entwicklung zu integrieren, um nachsorgende Aktivitäten weitgehend überflüssig zu machen. Umweltauswirkungen neuer Tätigkeiten, neuer Produkte und neuer Produktionsprozesse werden im voraus beurteilt.

Bei Gestaltung (Design) und Konstruktion von Produkten und Komponenten werden eventuell Entscheidungen getroffen, die unser Unternehmen später mit hohen Rücknahme- und Entsorgungskosten belasten. Um Kosten

Erstellt von:	Datum:
Version: 1	Seite: 2 von 3

zu minimieren und den Absatz unserer Produkte zu fördern, ist die UVA
3.6.8.4 zu beachten.

4.2 Produktionsintegrierter Umweltschutz

Die umweltrelevanten Faktoren unserer Produktion sind:

❏ Energieverbrauch
❏ Ressourcenverbrauch
❏ Emissionen (Luft, Lärm, Abwasser)
❏ Abfälle.

In unserem Unternehmen vorkommende Prozesse zur Minimierung dieser
Faktoren sind:

❏ Kreislaufführung von Prozeßwasser
❏ Standzeitverlängerung von Schmierstoffen durch Filtern und bakteriolo-
gische Behandlung
❏ Reinigung von Abwässern
❏ Filtern von Abluft

Grundlage für eine umweltgerechte Gestaltung von Produkten ist die Bewertung eingesetzter Werkstoffe und Hilfsstoffe sowie der Fertigungsprozesse, der Nutzbarkeit und der Entsorgbarkeit nach ökologischen Kriterien.
Einzelheiten dazu sind in UVA 3.6.8.4 geregelt.

5 Mitgeltende Unterlagen

UVA 3.6.8.1, Vermeiden von Emissionen   Handbuch
UVA 3.6.8.2, Vermeiden von Abwasserbelastungen   Handbuch
UVA 3.6.8.3, Vermeiden und Wiederverwerten von Abfällen   Handbuch
Kap. 3.6.3, Umweltschutzleistungen   Handbuch
Kap. 4.1, Überwachung und Messung   Handbuch
UVA 3.6.8.4, Ökologische Produktbewertung   Handbuch

Erstellt von:	Datum:
Version: 1	Seite: 3 von 3

1   Zweck

Vermeiden oder, wo das nicht möglich ist, Drosseln der Abgabe von Schadstoffen in die Luft.

2   Anwendungsbereich

Lackieranlage Werk 1, Gebäude 101, Bereich Kunststoffbearbeitung
Lackieranlage Werk 2, Gebäude 200, Bereich Kunststoffbearbeitung
Per-Anlage Werk 1, Gebäude 105, Bereich Lenkwellen
Strahlanlage Werk 1, Freigelände, Bereich Warenannahme

3   Verantwortlichkeiten

Die folgende Tabelle zeigt, an welche Personen das nach § 52 a BImSchG benannte Mitglied der Geschäftsleitung seine Betreiberverantwortung delegiert hat.

Anlage	Verantwortlicher
Lackieranlage Werk 1, Gebäude 101	Herr Dr. Hauser
Lackieranlage Werk 2, Gebäude 200	Herr Meierhöfer
Per-Anlage Werk 1, Gebäude 105	Herr Dr. Hauser
Strahlanlage Werke 1, Freigelände	Herr Dr. Hauser

4   Anweisungen

4.1   Lackieranlagen

Die Lackieranlage in Werk 1 Geb. 101 ist überwiegend für manuellen Betrieb konzipiert und nicht genehmigungspflichtig. Die Lackstäube werden mit Wasser gebunden, restliche Schadstoffe im Abluftkamin ausgefiltert. Lackschlämme und Filter werden als Sonderabfall entsorgt. Weitere Umweltschutzmaßnahmen (Drosselung von Schadstoffen in der Abluft etc.) sind für diese Anlage nicht vorgesehen.

Die Luftwerte der Anlage werden alle drei Jahre von einer zugelassenen Meßstelle gemessen.

Gemäß TA Luft einzuhaltende Grenzwerte sind: 3 mg/m^3 für Lackpartikel.

Für das korrekte Handhaben der Umweltschutzeinrichtungen dieser Anlage ist die Arbeitsanweisung UAA 3.6.8.1 zu beachten.

Die Lackieranlage in Werk 2 Geb. 200 ist eine nach der 4. BImSchV genehmigungsbedürftige Anlage. Zur Vermeidung der in dieser Anlage heute noch anfallenden Luftbelastungen wird ab 1997 auf wasserlösliche Lacke umgestellt. Dann können Schadstoffbelastungen der Luft völlig vermieden werden, weil die Filteranlage die geringen Lösungsmittelmengen zurückhält.

In dieser Art werden Maßnahmen zur Vermeidung von Emissionen auch für die anderen Anlagen beschrieben. In jedem Falle soll die Beschreibung konkret sein und Auflagen sowie Grenzwerte enthalten.

Die Arbeitsanweisungen (UAA) können auf die Wiedergabe der wichtigsten Inhalte der Bedienungsanleitung der jeweiligen Anlage beschränkt sein, sie können darüber hinaus auch weitere Anweisungen enthalten.

5 Mitgeltende Unterlagen

UAA 3.6.8.1.1, Betreiben der Lackieranlage Geb. 101 Herr Dr. Hauser
UAA 3.6.8.1.2, Betreiben der Lackieranlage Geb. 200 Herr Meierhöfer
UAA 3.6.8.1.4, Betreiben der Strahlanlage   Herr Dr. Hauser
4. BImSchV, Genehmigungspflichtige Anlagen   Beauftr. für Imm.sch.
TA Luft   Beauftr. für Imm.sch.

1 Zweck

Vermeiden der Einleitung schadstoffbelasteter Abwässer über die vorgegebenen Grenzwerte hinaus.

2 Anwendungsbereich

Gesamte Kanalisation des Werksgeländes

3 Verantwortlichkeiten

Die folgende Tabelle zeigt, welche Personen für welche Anlagen bzw. Einrichtungen zuständig sind. Das Überwachen der Anlagen und Einrichtungen regelt Kap. 4.1.

Anlage	Verantwortlicher
Emulsionstrennanlage Werk 1	Herr Beier
Leichtflüssigkeitsabscheider im Tankstellenbereich	Herr Müller
Dampfstrahlanlage Werk 1, Gebäude 106	Herr Beier
Fettabscheider der Kantine	Herr Müller
Leichtflüssigkeitsabscheider im Bereich Lagerhof	Herr Müller

4 Anweisungen

4.1 Emulsionstrennanlage

Das Einleiten von Abwasser der Muster GmbH in die öffentliche Kanalisation (Indirekteinleitung) regelt die Entwässerungssatzung der Stadt Hintertupfing. Abwasser darf nur eingeleitet werden, wenn die auf Seite 2 aufgelisteten Grenzwerte nicht überschritten werden.

Erstellt von:	Datum:
Version: 1	Seite: 1 von 3

4.1.1 Einzuhaltende Grenzwerte

Temperatur ....35,0 °C

pH-Wert .... 6,0 – 9,5

Absetzbare Stoffe aus Abwasseranlagen .... 1,0 ml/l

Cyanid (CN) leicht freisetzbar .... 0,2 mg/l

Cyanid (CN) gesamt .... 5,0 mg/l

Lösungsmittel, organische .... 10,0 mg/l

Mineralische Öle und Fette .... 20,0 mg/l

Verseifbare Öle und Fette .... 50,0 mg/l

Phenolindex .... 20,0 mg/l

Sulfat .... 400,0 mg/l

Arsen (AS) .... 0,1 mg/l

Blei (PB) .... 2,0 mg/l

Cadmium (Cd) .... 0,5 mg/l

Eisen (Fe) .... 20,0 mg/l

Kupfer (Cu) .... 2,0 mg/l

Nickel (Ni) .... 3,0 mg/l

Quecksilber (Hg) .... 0,05 mg/l

Selen (Se) .... 1,0 mg/l

Silber (Ag) .... 2,0 mg/l

Zink (Zn) .... 5,0 mg/l

Zinn (Sn) .... 3,0 mg/l

Der Genehmigungsbescheid der unteren Wasserbehörde verpflichtet uns zur Eigenüberwachung des Abwassers. Der Betriebsbeauftragte für Gewässerschutz veranlaßt ein zugelassenes Labor, in Abständen von drei Monaten bei Normalbetrieb Analysen durchzuführen. Abwassereinleitungen in Gewässer (Flüsse, Seen) nimmt die Muster GmbH nicht vor. Maßnahmen zur Abwasserreinigung über die oben genannten Grenzwerte hinaus sind nicht vorgesehen.

4.1.2 Genehmigung

Gemäß § 50 Hessisches Wassergesetz ist die Emulsionstrennanlage (eine Abwasserbehandlungsanlage) genehmigungsbedürftig. Die Genehmigungs-

Erstellt von:	Datum:
Version: 1	Seite: 2 von 3

überwachung regelt Kap. 3.6.7. Eine Erlaubnis zum Einleiten des Abwassers in die öffentliche Kanalisation (die sonst nötig ist), ist gemäß § 1 der Hessischen Indirekteinleiterverordnung nicht erforderlich, weil die Einleitung der Abwässer aus einer nach § 50 Hessisches Wassergesetz genehmigten Abwasserbehandlungsanlage erfolgt.

4.1.3 Betrieb und Wartung

UAA 3.6.8.2.1 regelt die Bedienung der Emulsionstrennanlage. Wartungsarbeiten führt der Anlagenhersteller in regelmäßigen Abständen durch (Wartungsvertrag).

Nach diesem Muster werden alle anderen genehmigungsbedürftigen Anlagen beschrieben.

5   Mitgeltende Unterlagen

UAA 3.6.8.2.1, Emulsionstrennanlage	Herr Beier
UAA 3.6.8.2.2, Leichtflüssigkeitsabscheider	Herr Müller
UAA 3.6.8.2.3, Dampfstrahlanlage	Herr Beier
UAA 3.6.8.2.4, Fettabscheider	Herr Müller
Hessisches Wassergesetz	Beauftr. für Gewsch.
VAwS	Beauftr. für Gewsch.

Erstellt von:	Datum:
Version: 1	Seite: 3 von 3

1   Zweck

Sicherstellen der Vermeidung, Wiederverwertung und Entsorgung von Abfällen.

2   Anwendungsbereich

Gesamtes Unternehmen

3   Verantwortlichkeiten

Für die Pflege des Abfallwirtschaftskonzepts und das Fortschreiben der Abfallbilanz ist der Betriebsbeauftragte für Abfall zuständig. Er ordnet in Abstimmung mit dem Leiter Rechnungswesen auch die Abfallkosten den verursachenden Abteilungen zu.

4   Anweisungen

4.1   Abfallwirtschaftskonzept

Gemäß Kreislaufwirtschaftsgesetz müssen wir ab 1999 ein Abfallwirtschaftskonzept erstellen und fortschreiben (Erzeuger von mehr als 2000 kg Sonderabfällen pro Jahr oder mehr als 2000 t Abfällen eines Abfallschlüssels). Die Muster GmbH entwickelt ein Abfallwirtschaftskonzept einschließlich Abfallbilanz schon mit der Einführung des Umweltmanagements.

Der Betriebsbeauftragte für Abfall und alle Produktionsbereiche, in denen wiederverwertbare Abfälle und Sekundärrohstoffe anfallen, haben ständig zu untersuchen, ob sich technische Lösungen zur Wiederverwertung ergeben. Reduzierungsmöglichkeiten – beispielsweise durch Verlängerung der Standzeiten von Schmierstoffen – werden weiter verbessert.

Das Abfallwirtschaftskonzept regelt folgende Bereiche der Abfallwirtschaft:

Erstellt von:	Datum:
Version: 1	Seite: 1 von 4

❑ getroffene und geplante Maßnahmen zur Vermeidung, Verwertung und
   Beseitigung der Abfälle
❑ Begründung der Notwendigkeit, Abfälle zu beseitigen
❑ Begründung der Nicht-Wiederverwertbarkeit und Nicht-Vermeidbarkeit
   von Abfällen
❑ Darstellung des Verbleibs bei Verwertung oder Entsorgung außerhalb
   der Bundesrepublik Deutschland.

Das Abfallwirtschaftskonzept der Muster GmbH hat bis auf weiteres die in
Anlage 1 gezeigte Gliederung. Wichtiger Bestandteil der Planung von Ver-
meidungs-, Verwertungs- und Entsorgungsmaßnahmen ist das Erarbeiten,
Abstimmen und Festlegen verbindlicher Planzahlen.

Der Abfallbeauftragte schlägt Ziele für die Abfallwirtschaft vor, die Gegenstand des Umweltprogramms werden. Die Ziele sollen kurz gefaßt und
in Tabellenform dargestellt werden:

Ziele für die Abfallwirtschaft, bezogen auf das Jahr 1994		
Vorgang	**Reduzierungsziel**	**bis**
1. Reduzieren von Verpackungsabfällen	20 %	12/96
2. Reduzieren von Lösungsmittelresten	80 %	12/96
3. Reduzieren organischer Lackschlämme	30 %	12/97

Zur Realisierung der Ziele wurden folgende Maßnahmen festgelegt:

Maßnahmen zur Zielerreichung	Kosten
zu 1. Lieferanten wird mitgeteilt, daß die Annahme von Produkten in bestimmten Verpackungen ab 1/96 verweigert wird.	DM 0,00
zu 2. Installieren einer Wiederaufbereitungsanlage	DM 12 000,00
zu 3. Einsatz von Wasserlacken bei Produktgruppe X	DM 64 000,00

4.2 Maßnahmenüberwachung

Die im Abfallwirtschaftskonzept enthaltenen Maßnahmen werden in die
Audit-Fragenlisten übernommen und bei internen Audits auf korrekte Umsetzung geprüft.

Erstellt von:	Datum:
Version: 1	Seite: 2 von 4

4.3 Abfallsammlung

Das getrennte Sammeln geschieht nach der in Anlage 2 festgelegten Regelung in beschrifteten Behältern. Die Produktionsleiter bzw. die Meister der Produktionsabteilungen und die Abteilungsleiter der anderen Bereiche sind für das ordnungsgemäße Getrenntsammeln von Abfällen verantwortlich. Der Abfallbeauftragte führt einmal pro Jahr Einweisungen durch und informiert bei Neuerungen mit Hilfe von Organisationsmitteilungen. Bei der Abfallsammlung ist besonders zu beachten, daß

❑ auf den Behältern die zu sammelnden Stoffe bzw. Materialien angegeben sind,

❑ bestimmte Abfälle nicht vermischt werden dürfen,

❑ wassergefährdende Abfallstoffe in Behältern gesammelt werden, die, je nach Inhalt und Bauart der Behälter, in Auffangwannen stehen müssen,

❑ im Freien gelegene Abfallsammelstellen überdacht sind oder geschlossene Behälter enthalten.

4.4 Abfallentsorgung

Für das ordnungsgemäße Entsorgen unserer Abfälle ist der Abfallbeauftragte verantwortlich. Er fordert Entsorgungsunternehmen an, erstellt die nötigen Unterlagen und nimmt die vorgeschriebenen Überwachungen wahr. Dabei hat er folgende gesetzliche Regelungen besonders zu beachten:

❑ **AbfBestV**
(legt fest, welche Abfälle besonders überwachungsbedürftig sind).

❑ **RestBestV**
(bestimmt Stoffe, von denen bei unsachgemäßer Beförderung, Behandlung oder Lagerung eine erhebliche Beeinträchtigung des Wohls der Allgemeinheit ausgehen kann).

❑ **AbfRestÜberwV**
(regelt die Verfahren zwischen Abfallerzeuger, -beförderer, -entsorger und der jeweils zuständigen Behörde. Sie enthält Formulare für die Einsammlungs- und Transportgenehmigung und den Nachweis der Entsorgung)

Erstellt von:	Datum:
Version: 1	Seite: 3 von 4

❏ **Beförderer**

von Abfällen benötigen eine behördliche Genehmigung. Die Entsorgung der ihnen überlassenen Abfälle muß nachgewiesen werden. Der Auftraggeber hat zu prüfen, ob die Genehmigung vorliegt. Seine Sorgfaltspflicht endet erst, wenn der vom Entsorger (z. B. Müllverbrennungsanlage) unterschriebene Abfallbegleitschein vorliegt.

Zukünftig sollen nur Entsorger beschäftigt werden, die als Entsorgungsfachbetriebe anerkannt sind.

5 Mitgeltende Unterlagen

Abfallbegleitscheine und -erklärungen	Abfallbeauftragter
Abfallbilanz	Abfallbeauftragter
Jährlicher Umweltbericht	Beauftragter für UWM
Aushänge und Belehrungen zur Abfallsammlung	Abfallbeaufragter
Statistik zu den Abfallkosten	Abfallbeauftragter
Anlage 1, Inhaltsangabe des Abfallwirtschafts- konzepts	Handbuch
Anlage 2, Getrennt zu sammelnde Abfallarten	Handbuch

Die neben den behandelten UVA zu diesem Kapitel gehörenden UVA's Lagern von Gefahrstoffen, Transportieren von Gefahrgut und Führen von Sicherheitsdatenblättern können nach den vorgegebenen Mustern leicht selbst erstellt werden.

Erstellt von:	Datum:
Version: 1	Seite: 4 von 4

Inhaltsangabe des Abfallwirtschaftskonzepts

(Muster für Erstellung und Weiterentwicklung des Abfallwirtschaftskonzepts)

1   Einleitung
1.1   Vorstellung der Gesellschaft
1.2   Gesetzliche Grundlage
1.3   Rahmenbedingungen der Abfallentstehung

2   Betriebliche Stoff- und Materialbilanz
2.1   Erläuterungen zur Bilanzierungsmethode
2.2   Bilanzrahmen
2.3   Mengentabellen
2.4   Kennzahlen

3   Abfallbilanz
3.1   Erläuterungen
3.2   Tabelle der Abfälle nach Art, Menge, Verbleib, Kosten

4   Gegenwärtige Entsorgungssituation
4.1   Entwicklung der Abfallkosten
4.2   Begründung der Nicht-Vermeidbarkeit und Nicht-Verwertbarkeit
4.2.1 Begründung zu besonders überwachungsbedürftigen Abfällen
4.2.2 Begründung zu hausmüllähnlichen Abfällen
4.2.3 Begründung zu Reststoffen

5   Künftige Entsorgungssituation
5.1   Planzahlen für die Abfallreduzierung
5.2   Maßnahmen zur Abfallvermeidung
5.3   Maßnahmen zur Wiederverwertung
5.4   Maßnahmen zur Senkung der Abfallkosten

6   Entsorgungssicherheit
6.1   Derzeitige Vertragssituation
6.2   Geplante Änderungen

Getrennt zu sammelnde Abfallarten

Abfallart	Hausmüll	Reststoff	Sonder-abfall
Altfarben, Altlacke, nicht ausgehärtet			x
Altöl			x
Bleiakkus, säuregefüllt			x
Batterien			x
Desinfektionsmittel			x
Fettabfälle	x		
Filter, schadstoffbelastet			x
Holzabfälle, behandelt (energetische Verwertung)		x	
Inhalte von Fettabscheidern	x		
Kleber			x
Kunststoffbehältnisse mit schädlichen Anhaftungen			x
Lack- und Farbschlamm			x
Lebensmittelreste	x		
Leuchtstoffröhren			x
Lösungsmittel, verunreinigt			x
Öl- und Benzinabscheiderinhalte			x
Ölbinder, verunreinigt			x
Papier und Pappen		x	
Plastikfolien		x	
Quecksilber, quecksilberhaltige Rückstände			x
Quecksilberdampflampen			x
Sägemehl, Späne (energetische Verwertung)		x	
Schrott: Eisen, Kupfer, Aluminium		x	
Speisereste	x		
Tenside			x
Verpackungsmaterial, Kartonagen, Papier		x	
Waschmittelreste			x

1   Zweck

Verwenden umweltverträglicher Roh- und Hilfsstoffe, Reduzieren des Materialeinsatzes, Beachten der Wiederverwertbarkeit von Bauteilen und Werkstoffen, Vermindern von Umweltbelastungen bei Nutzung und Entsorgung der Produkte.

2   Anwendungsbereich

Produktentwicklung und Fertigung

3   Verantwortlichkeiten

Entwicklung, Konstruktion, Werkstofftechnik, Labor, Normenstelle, Einkauf, Marketing, Vertrieb, Qualitätsmanagement, Umweltmanagement

4   Anweisungen

Bei der Entwicklung von Produkten ist darauf zu achten, daß der Rohstoffeinsatz minimiert wird, umweltverträgliche Betriebs- und Hilfsstoffe verwendet werden, Verbundstoffe so weit als möglich vermieden werden, Produkte leicht demontierbar sind, Bauteile wiederverwendbar sind und Werkstoffe nach dem Ende der Produkt-Nutzungszeit in Sekundärrohstoffe umgewandelt werden können.

4.1   Werkstoffauswahl

Bei der Auswahl von Werkstoffen sind folgende Regeln zu beachten:

❑ Werkstoffe mit giftigen, gesundheitsschädlichen und umweltbelastenden Bestandteilen vermeiden,

Erstellt von:	Datum:
Version: 1	Seite: 1 von 4

❏ Die Anzahl der Werkstoffe in einem Produkt so gering wie möglich halten,
❏ Bei untrennbaren Einheiten nur Werkstoffe benutzen, die sich in einer Altstoffgruppe wiederverwerten lassen,
❏ Verbund- und Mischwerkstoffe, deren Wiederverwertung oder Recycling unmöglich ist, möglichst vermeiden,
❏ Werkstoffe verwenden, deren Recyclingeigenschaften eine mehrfache Verarbeitung zulassen.

Der Standort führt Listen mit geeigneten Werkstoffen, kritischen Werkstoffen und ungeeigneten bzw. verbotenen Werkstoffen. Diese Listen entstehen durch Bewertung von Werkstoffen nach folgenden Kriterien:

❏ Wieviel Recyclingmaterial wird bei der Werkstoffherstellung eingesetzt?
❏ Ist der Werkstoff recyclingfähig?
❏ Wie hoch ist der Energieaufwand beim Recycling?
❏ Wie gut ist die sortenreine Separierbarkeit bei der Aufbereitung?
❏ Wie hochwertig sind die recyclierten Sekundärrohstoffe?
❏ Können bei Verarbeitung des Werkstoffs gesundheits- oder umweltbelastende Stoffe frei werden?
❏ Ist der Werkstoff problemlos entsorgbar?

4.2 Konstruktion

Produkte sollen so konstruiert sein, daß sie nach dem Ende ihrer Nutzungszeit zerlegt, sortiert, aufgearbeitet und wiederverwendet werden können.

Zerlegbarkeit bedeutet zerstörungsfreie Demontage. Diese ist gegeben, wenn Verbindungstechniken eingesetzt werden, die mit einfachen Werkzeugen und möglichst automatisierten Techniken realisierbar sind (umgekehrter Montageprozeß). Stoffliche Verwertung setzt leichte Erkennbarkeit von Werkstoffen voraus. Daher sind Bauteile – besonders Kunststoffe – zu kennzeichnen. Die Kennzeichnung von Kunststoffen ist durch Aufdrucken oder Einprägen nach ISO 11469 vorzunehmen. Für Verpackungen gilt die Norm DIN 6120 Teile 1 und 2.

4.3 Nutzungsfreundlichkeit

Die Nutzungsfreundlichkeit eines Produktes ist hoch, wenn es folgende Eigenschaften aufweist:

❑ Lange Lebensdauer (langlebige Werkstoffe, Korrosionsbeständigkeit, geringer Verschleiß)
❑ Geringer Energieverbrauch
❑ Keine Abgabe von gesundheits- und umweltbelastenden Stoffen
❑ Reparatur- und instandhaltungsgerechte Konstruktion
❑ Modernisierungsgerechte Konstruktion (Aufrüstbarkeit, Modulbauweise, Standardbeiteile)

Die Bewertung der Nutzungsfreundlichkeit ist Teil der ökologischen Produktbewertung gemäß 4.4.

4. 4 Produktbewertung

Vorhandene und geplante Produkte sollen bezüglich ihrer Umweltverträglichkeit bewertet werden. Dafür zuständig sind die jeweiligen Know-how-Träger der Abteilungen Forschung/Entwicklung, Produktion, Qualitätssicherung, Einkauf, Umweltschutz und Arbeitssicherheit. Erste Bewertungen werden nach der in Anhang 1 dargestellten Methode vorgenommen.

Im Rahmen des Aufbaus unseres Umweltmanagementsystems werden folgende Aktivitäten zur ökologischen Produktbewertung aufgenommen:

Erstellt von:	Datum:
Version: 1	Seite: 3 von 4

❑ Gründen einer Arbeitsgruppe zur Erarbeitung eines Produktbewertungssystems
❑ Einbinden der Bewertungsmethoden und -ergebnisse in das Umweltmanagementsystem
❑ Einbinden der Bewertungsmethoden und -ergebnisse in das Qualitätsmanagementsystem
❑ Schulen von Entwicklern, Konstrukteuren, Fertigungsplanern, Betriebsleitern

5   Mitgeltende Unterlagen

DIN ISO 11469, Kennzeichnung von Kunststoffen	Leiter Entwicklung
DIN 6120, Kennzeichnung von Packstoffen	Leiter Entwicklung
ISO 1043, Plastic Symbols	Leiter Entwicklung
weitere Normen hier eintragen	
VDI Norm 2243, Konstruieren recyclinggerechter Produkte	Leiter Entwicklung
Anlage 1, Ökologische Erstbewertung von Produkten	Handbuch
Anlage 2, Bewertungstabelle zu Fertigungsverfahren	Handbuch

Erstellt von:	Datum:
Version: 1	Seite: 4 von 4

Methode zur ökologischen Erstbewertung von Produkten

Produkt	

Nr.	Kriterien	Punkte	Gewicht	Summen
1	**Werkstoffe**			
1.1	Herstellung des Werkstoffs		4	
1.2	Einsatz von Verbund- und Mischmaterialien		2	
1.3	Einsatz von Recyclingmaterial		2	
1.4	Wiederverwertbarkeit des Materials		4	
1.5	Gefahrstoffabgabe		9	
2	**Herstellung**			
2.1	Fertigungsverfahren (siehe Anlage 2 zu UVA 3.6.8.4)		6	
2.2	Energieverbrauch		5	
2.3	Entstehende Abfälle (Arten und Mengen)		3	
2.4	Entstehende Emissionen und Abwässer		7	
2.5	Störfallrelevanz		5	
3	**Nutzungsphase**			
3.1	Gebrauchsdauer		8	
3.2	Raparierbarkeit, Erweiterbarkeit		6	
3.3	Gesundheits- und Umweltbelastungen		8	
4	**Recycling, Entsorgung**			
4.1	Erkennbarkeit der Materialien		4	
4.2	Demontier- und Separierbarkeit		6	
4.3	Wiederverwendbarkeit (Aufarbeitung)		10	
4.4	Verwertbarkeit des Sekundärrohstoffs		8	
4.5	Entsorgbarkeit		8	
Gesamtsumme				
Umwelterfüllungsgrad				

Punkte:

10 = Hoher Erfüllungsgrad/nicht umweltbelastend

 0 = geringer Erfüllungsgrad/stark umweltbelastend.

Zur Ermittlung der Punkte werden Tabellen erstellt oder bezogen, in denen die Kriterien 1 bis 4.5 bewertet sind (Beispiel siehe Anlage 2).

Gesamtsumme: Summe aller (Punkte × Gewicht)

$$\text{Umwelterfüllungsgrad des bewerteten Produkts in \%} = \frac{\text{Gesamtsumme} \times 100}{\text{max. erreichbare Punkte}}$$

Der Umweltbelastungsgrad ist bei einem Vergleich mehrerer Produkte nützlich.

(In Anlehnung an: Gerd Betz/Horst Vogl, Das umweltgerechte Produkt, Neuwied, Kriftel, Berlin 1996)

Bewertungstabelle zu Fertigungsverfahren

Verfahren	unbedenklich 10 - 7	akzeptabel 6 - 4	kritisch 3 - 0
Reinigen mit PER			2
Reinigen mit Alkohol	7		
Biegen	10		
Drehen	8		
Fräsen	8		
Härten		6	
Kleben	9		
Lackieren (wasserlöslich)	8		
Lackieren (lösemittelhaltig)		5	
Schweißen	8		
Nieten	9		
Schleifen		6	
Spritzgießen	9		
usw.			

Punkte:

10 = nicht umweltbelastend/hoher Erfüllungsgrad

0 = stark umweltbelastend/geringer Erfüllungsgrad

*Solche Bewertungstabellen werden zu allen Kriterien der Anlage 1 erstellt. Die hier angegebenen Werte können **nicht** allgemein gelten.*

1   Zweck
2   Anwendungsbereich
3   Verantwortlichkeiten
4   Regelungen
4.1   Arten von Katastern
4.2   Aufbau von Katastern
4.3   Pflege und Nutzung von Katastern
5   Mitgeltende Unterlagen
     UAA 3.6.9.1, Gefahrstoffkataster
     UAA 3.6.9.2, Anlagenkataster
     UAA 3.6.9.3, Emissionskataster
     UAA 3.6.9.4, Abwasserkataster
     UAA 3.6.9.5, Abfallkataster

1   Zweck

Erfassen und Pflegen von Daten zu umweltrelevanten Anlagen, Einrichtungen, Tätigkeiten und Stoffen.

2   Anwendungsbereich

Gesamtes Unternehmen

3   Verantwortlichkeiten

Die Tabelle zeigt die Katasterarten und die zuständigen Stellen.

Kataster	Verantwortlich
Gefahrstoffkataster	Betriebsbeauftragter für Gewässerschutz
Anlagenkataster	jeweils zuständiger Beauftragter
Emissionskataster, Emissionserklärung	Betriebsbeauftragter für Immissionsschutz
Einleitekataster	Betriebsbeauftragter für Gewässerschutz
Abfallkataster, Abfallbilanz	Betriebsbeauftragter für Abfall

4   Regelungen

4.1   Inhalte der Kataster

Die von der Muster GmbH geführten Kataster haben folgende Inhalte:

Erstellt von:	Datum:
Version: 1	Seite: 2 von 4

Kataster	Inhalt
Gefahrstoffkataster	Daten zu allen nach der GefStoffV als gefährlich gekennzeichneten Stoffen und die zugehörigen Sicherheitsdatenblätter
Anlagenkataster	Daten umweltrelevanter Anlagen
Emissionskataster	Daten der Emissionsquellen und Meß- oder Schätzwerte zu allen Abluft-Ableitungen
Einleitekataster	Daten der Einleitestellen und Analyse- oder Schätzwerte zu dem jeweiligen Abwasser
Abfallkataster	Daten zu Abfallarten und -mengen

4.2 Aufbau von Katastern

Der Aufbau von Katastern soll sich grundsätzlich an den von den Umweltbehörden verlangten Angaben orientieren. Beispielsweise müssen Genehmigungsanträge und Mitteilungen zum Umweltstatistikgesetz bestimmte Daten enthalten. Werden diese in Katastern geführt, kann darauf zugegriffen und Doppelarbeit vermieden werden. Kataster enthalten auch die zu beachtenden Rechtsnormen, Auflagen und technischen Regeln. Das Kataster soll je Standort (im Sinne der Öko-Audit-Verordnung) nur eine Stelle führen. Nach Möglichkeit soll dazu EDV eingesetzt werden. Katasterdaten werden für Überwachungsaufgaben, den internen Jahresbericht und für die Umwelterklärung genutzt.

4.3 Pflege und Nutzung von Katastern

Kataster sind nur dann wertvoll, wenn sie korrekte, aktuelle Daten enthalten. Die Katasterführer haben das Recht, in allen Abteilungen des Unternehmens Daten zu erfragen oder diese aus Unterlagen herauszuziehen. Alle Mitarbeiter sind verpflichtet, dabei Unterstützung zu leisten.

5 Mitgeltende Unterlagen

Anhang I, B	Öko-Audit-VO
UAA 3.6.9.1, Gefahrstoffkataster	Bb für Gewässerschutz
UAA 3.6.9.2, Anlagenkataster	jeweils zuständiger Bb
UAA 3.6.9.3, Emissionskataster	Bb für Immissionsschutz
UAA 3.6.9.4, Abwasserkataster	Bb für Gewässerschutz
UAA 3.6.9.5, Abfallkataster	Bb für Abfall

1 Zweck

Erfassen und Pflegen ausgewählter Daten zu Gefahrstoffen, um eine ständig aktuelle Übersicht über ihre Menge, Handhabung, Umwelt- und Gesundheitsgefährdung und Lagerung zu haben.

2 Anwendungsbereich

Alle Standorte

3 Verantwortlichkeiten

Der Leiter des Gefahrstofflagers ist für das bestimmungsgemäße Lagern und Umfüllen von Gefahrstoffen verantwortlich. Der Betriebsbeauftragte für Gewässerschutz ist für das Überwachen der Lagerung von Gefahrstoffen und die Beratung der Lagerleiter verantwortlich.

4 Anweisungen

Anlage 1 zeigt den Aufbau des Gefahrstoffkatasteres. Diese Angaben muß das Gefahrstoffkataster mindestens enthalten. Es muß »mit einem Blick« die Gefährlichkeit eines Stoffs erkennen lassen. Die im Gefahrstoffkataster enthaltenen Daten werden dem jeweiligen Sicherheitsdatenblatt und der Gefahrstoffverordnung entnommen. Wenn nötig, werden Daten beim Hersteller erfragt.

5 Mitgeltende Unterlagen

Anhang I und Liste der gefährlichen Stoffe   Gefahrstoffverordnung
Sicherheitsdatenblätter   Bbf
Anlage 1, Gefahrstoffkataster   Handbuch

Erstellt von:	Datum:
Version: 1	Seite: 1 von 1

Gefahrstoffkataster

Produktname	Verwendung	WGK	VbF	R&S-Sätze	Kenn-zeichnung	MAK (ppm)	Datum Sicherheits-datenblatt
P3-Saxin	Entfettung	2	–	R 34 S 22, 26		–	1. 4. 1994
Universal-Ver-dünner	Lackierung	2	Al		Xn, F	100	24. 6. 1994

Kursiv sind zwei Beispiele eingetragen

1   Zweck

Erfassen und Pflegen der Daten umweltrelevanter Anlagen und Einrichtungen.

2   Anwendungsbereich

Gesamtes Unternehmen

3   Verantwortlichkeiten

Die Betreiber bzw. die für umweltrelevante Anlagen und Einrichtungen Verantwortlichen haben sicherzustellen, daß aktuelle und vollständige Daten vorhanden sind. Die Bbf unterstützen bei dieser Aufgabe.

4   Anweisungen

Anlagenkataster werden zu folgenden Anlagen und Einrichtungen geführt:

Hier die Anlagen Ihres Unternehmens eintragen. Ein Beispiel:

Feuerungsanlage, Gebäude 100
Lackieranlage, Gebäude 101
Lackieranlage, Gebäude 200
Per-Anlage, Werk 1
Strahlanlage, Werk 1
Schweißanlagen, Gebäude 30
Härteofen, Gebäude 31
Lötbad, Gebäude 30
Emulsiontrennanlage, Werk 1
Dampfstrahlanlage, Werk 1

Erstellt von:	Datum:
Version: 1	Seite: 1 von 2

Leichtflüssigkeitsabscheider, Bereiche Tankstelle und Lagerhof
Fettabscheider, Bereich Kantine

*Anlage 1 zeigt den Aufbau des Anlagenkatasters für eine Feuerungsanlage.
Nach diesem Muster werden für alle anderen Anlagen und Einrichtungen
Kataster geführt. Für jede Anlage gibt es ein Katasterblatt.*

*Die Daten sollen so aussagekräftig sein, daß sie sowohl in der Kommuni-
kation mit Behörden (Genehmigungen etc.) als auch beim Erarbeiten interner Berichte und der Umwelterklärung genutzt werden können.*

5   Mitgeltende Unterlagen

Anlage 1, Anlagenkataster Feuerungsanlage   Handbuch

Erstellt von:	Datum:
Version: 1	Seite: 2 von 2

Anlagenkataster Feuerungsanlage

Anlage	Feuerungsanlage Gebäude 100
Personendaten	
– Verantwortlicher Betriebsleiter	
– Betriebsbeauftragter	
Daten zur Anlage	
– Art der Anlage	
– Leistung	
– Hersteller	
– Baujahr	
– zulässiger Betriebsdruck	
– maximale Arbeitstemperatur	
– Haupt-Einsatzstoffe	
Genehmigungsdaten	
– Antragdatum	
– Genehmigungsbescheid, Behörde	
– Genehmigungsbescheid, Datum	
Behördliche Auflagen	
– Meßwerte (Ist)	
– Grenzwerte (Soll)	
Letzte Änderungsmitteilung an Behörde	
– Datum	
– Inhalt	

1   Zweck

Erfassen und Pflegen der Daten von Luftbelastungen.

2   Anwendungsbereich

Gesamtes Unternehmen

3   Verantwortlichkeiten

Die Betreiber bzw. die Verantwortlichen umweltrelevanter Anlagen und Einrichtungen haben sicherzustellen, daß vollständige und einmal jährlich aktualisierte Daten vorhanden sind. Der Betriebsbeauftragte für Immissionsschutz unterstützt bei dieser Aufgabe durch fachliche Beratung und Überwachung.

4   Anweisungen

Anlagen und Einrichtungen, an denen schadstoffbelastete Abluft entsteht (Emissionsquellen), werden gemäß Anlage 1 aufgelistet. Die Tabelle soll neben den zu führenden Daten auch zeigen, welche Emissionen regelmäßig gemessen werden müssen. Andere Emissionen werden berechnet oder geschätzt. Die Katasterdaten sollen so aussagekräftig sein, daß sie sowohl in der Kommunikation mit Behörden als auch beim Erarbeiten interner Berichte und der Umwelterklärung genutzt werden können.

5   Mitgeltende Unterlagen

Anlage 1, Emissionsquellen und Emissionen	Handbuch
Genehmigungsbescheide	Beauft. für Immissionsschutz
Meßprotokolle	Beauft. für Immissionsschutz
TA Luft	Beauft. für Immissionsschutz

Erstellt von:	Datum:
Version: 1	Seite: 1 von 1

Emissionsquellen und Emissionen

Nr.	Quelle	Emissions-dauer	Abgasstrom in m³	Stoffart	Volumen-strom in m³/h	Messung/ Schätzung
01	Doppelspritzstand	kontinuierlich	2 x 23.760	Gesamt C	23.700	M
02	Trockenofen	kontinuierlich	5.000	Gesamt C	800	M
03	Trockenraum	kontinuierlich	800	Gesamt C	5.000	M
04	Einbrennofen	kontinuierlich		Gesamt C	–	M
05	Brennschneidmaschine	kontinuierlich	6.000	Staub, NO_x	2.500	M
06	Schweißstand	sporadisch	10.000	O_3 CO_2 NO_x	11.500	S
07	Schleuderstrahlanlage	sporadisch	3.000	Staub	3.000	M
08	Härteofen	kontinuierlich	3.200	Staub	–	S
10	Kunststoffverarbeitung Absauganlage	sporadisch	3.200	Staub	2.000	M
11	Lötanlage	kontinuierlich	2.200	N	200	M

usw.

1

1　Zweck

Erfassen und Pflegen der Daten von Indirekt-Einleitungen.

2　Anwendungsbereich

Gesamtes Unternehmen

3　Verantwortlichkeiten

Für das Erstellen und Pflegen der Daten sind die Einleiter verantwortlich. Sie werden unterstützt von dem Betriebsbeauftragten für Gewässerschutz. Für jede Einleitestelle ist ein Verantwortlicher zu benennen (z. B. für den Ölabscheider im Tankstellenbereich ist es der Betreiber der Tankstelle).

4　Anweisungen

Die Einleitestellen in die Kanalisation werden in einem Lageplan des Standorts eingetragen und numeriert. Zu den Nummern werden mindestens die Schadstofffrachten und Abwassermengen geführt. Schadstofffrachten sind entweder von zugelassenen Meßstellen erfaßt oder von Fachleuten der Muster GmbH geschätzt. Den Aufbau von Einleitekatastern zeigt Anlage 1.

5　Mitgeltende Unterlagen

Anlage 1, Einleitekataster　　　　　　　　　　Handbuch

Erstellt von:	Datum:
Version: 1	Seite: 1 von 1

Einleitekataster

Einleitestelle	Werk 1, Schacht 5
Personendaten	
– Verantwortlicher Betriebsleiter	
– Betriebsbeauftragter für Gewässerschutz	
– Sachbearbeiter bei Behörde	
Einleitedaten	
– Abwasservolumenstrom	
– Art der Vorbehandlung	
– Übergabeschachtnummer	
– Rechtswert, Hochwert	

Liste der Parameter:

```
Temperatur................................................. 35,0 °C
pH-Wert...........................................6,0 – 9,5
Absetzbare Stoffe ............................... 1,0 ml/l
Cyanid (CN) gesamt............................5,0 mg/l
Lösungsmittel, organische....................... 10,0 mg/l
Mineralische Öle und Fette....................20,0 mg/l
Verseifbare öle und Fette.....................50,0 mg/l
Phenolindex.....................................20,0 mg/l
Sulfat...........................................400,0 mg/l
Arsen (AS) .......................................0,1 mg/l
Blei (PB)...........................................2,0 mg/l
Cadmium (Cd)..................................0,5 mg/l
Eisen (Fe)........................................20,0 mg/l
Kupfer (Cu) ......................................2,0 mg/l
Nickel (Ni) .......................................3,0 mg/l
Quecksilber (Hg) ..............................0,05 mg/l
Selen (Se) ........................................1,0 mg/l
Silber (Ag) .......................................2,0 mg/l
Zink (Zn)...........................................5,0 mg/l
Zinn (Sn)..........................................3,0 mg/l
```

1　Zweck

Erfassen und Pflegen der Daten von Abfällen

2　Anwendungsbereich

Gesamtes Unternehmen

3　Verantwortlichkeiten

Für das Erstellen und Pflegen der Daten sind die für die Abfallwirtschaft verantwortlichen Personen zuständig. Sie werden unterstützt von dem Betriebsbeauftragten für Abfall. Das Abfallkataster ist monatlich zu aktualisieren.

4　Anweisungen

Das Abfallkataster entspricht der Abfallbilanz. Diese wiederum ist Bestandteil des Abfallwirtschaftskonzepts. Die Abfallbilanz wird in Form einer Tabelle geführt und monatlich aktualisiert. Sie enthält mindestens:

❑ Abfallarten
❑ zugehörige Abfallschlüssel
❑ Menge je Abfallart
❑ Verbleib des jeweiligen Abfalls
❑ Kosten je Abfallart

Darüber hinaus können die verursachende Abteilung bzw. Kostenstelle, die Gültigkeitsdauer der verantwortlichen Erklärung, Vermeidungs- und Wiederverwertungsmaßnahmen und andere Daten geführt werden.

Erstellt von:	Datum:
Version: 1	Seite: 1 von 2

5   Mitgeltende Unterlagen

UVA 3.6.8.3, Vermeiden und Wiederverwerten von Abfällen   Handbuch
Anlage 1, Abfallbilanz   Handbuch

Abfallbilanz

Abfallart	Schlüssel	Menge in t	Menge in Stück	Verbleib	Kosten in DM	zu belastende Kostenstelle	Vermeidungs- und Verwertungsmaßnahme
Öl- und Fettemulsion	12503	0,2	–	Verbrenn.			Wiederaufbereitung ab 8/96

1 Zweck
2 Anwendungsbereich
3 Verantwortlichkeiten
4 Regelungen
5 Mitgeltende Unterlagen

1 Zweck

Steuern und Überwachen von Material- und Energieströmen zur Minimierung von Ressourcenverbrauch und Abfällen.

2 Anwendungsbereich

Gesamtes Unternehmen

3 Verantwortlichkeiten

Für das Erfassen und Pflegen der Bilanzdaten ist der BfUM zuständig. Ihm arbeiten Mitarbeiter aller betroffenen Abteilungen zu. Eine Material- und Energiestrombilanz (einschließlich der Beschreibung von Verbesserungspotentialen) wird einmal jährlich der Geschäftsleitung vorgelegt. Die Umwelterklärung enthält Teile der Bilanz.

4 Regelungen

Zielsetzungen beim Erfassen und Überwachen von Material- und Energiestömen sind:

- ❑ Optimieren der Ressourcennutzung unter Beachtung des Umweltschutzes
- ❑ Optimieren von Abläufen in Einkauf, Verkauf, Materialwirtschaft, Logistik und Produktion
- ❑ Verbessern der Wirtschaftlichkeit aller Bereiche

Das Gegenüberstellen von Materialeingängen (Rohstoffe, Hilfsstoffe, Halbzeuge, Energien etc.) und -ausgängen (Produkte, Abfälle, Emissonen) macht Verbesserungspotentiale (Materialverschwendung, unnötiger Abfall etc.) deutlich. Die Grenzen dieser Betrachtung werden durch die Standortgrenzen definiert (Eingang/Ausgang Werkstor).

Erstellt von:	Datum:
Version: 1	Seite: 2 von 3

Um den Aufwand in Grenzen zu halten, werden EDV-Daten des Einkaufs und Verkaufs sowie Daten aus den Abfallbegleitscheinen genutzt. Emissionsmengen können errechnet oder geschätzt werden. Eine Ökobilanz wird vorerst nicht erstellt. Der Aufwand dafür steht in keinem vernünftigen Verhältnis zu den zu erwartenden Ergebnissen.

5 Mitgeltende Unterlagen

Anlage 1, Modell für Bilanzierung und Bewertung von Material- und Energieströmen   Beauftragter für UM

Modell für Bilanzierung und Bewertung von Material- und Energieströmen

Die Material- und Energiebilanz orientiert sich an der folgenden Grafik. Pfleilstärken zeigen Mengen an.

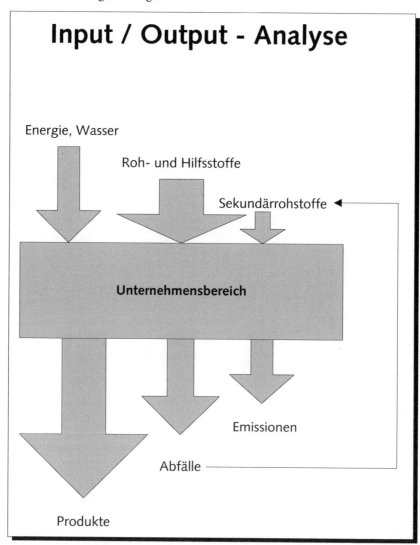

Input / Output - Analyse

Energie, Wasser

Roh- und Hilfsstoffe

Sekundärrohstoffe

Unternehmensbereich

Emissionen

Abfälle

Produkte

Die zu den Input- bzw. Outputgrößen gehörigen Daten werden mit Hilfe von Tabellen erfaßt und manuell ausgewertet. Ergebnisse sollen sein:

❏ Übersicht kritischer Stoffe nach Art und Menge, um Ersatzbedarfe und Ursachen problematischer Abfälle und Emissionen erkennen zu können
❏ Kennzahlen, um Abhängigkeiten zwischen beispielsweise Kosten und Materialeinsatz erkennen zu können
❏ Verfolgung der Umweltbeeinträchtigungen und -leistungen über einen langen Zeitraum, um Rückschlüsse auf die Realitätsnähe und Erfüllbarkeit von Unternehmenszielen ziehen zu können.

In der Bilanz zu führende Datengruppen (das Festlegen der Einzeldaten ist Sache des BfUM) sind:

Input	Output
Rohstoffe	Produkte, Abfälle
Hilfsstoffe	Produkte, Abfälle
Halbfabrikate	Produkte, Abfälle
Verpackungen	Abfälle
Produktionsanlagen	Produkte, Abfälle, Abwärme, Abluft
Gebäude	Abwärme
Einrichtungen	Abfall
Last- und Personenkraftwagen	Abluft, Lärm
Wasser	Abwasser
Strom	Abwärme
Heizöl	Abwärme

Die mit Hilfe der Bilanzierungsmethode ermittelten Daten bewertet die Muster GmbH anhand der ABC-Methode. Als Bewertungskriterien, unter denen die einzelnen Bilanzpositionen zu betrachten sind, gelten in der Muster GmbH:

Umweltrechtliche und -politische Anforderungen
A = eine Umweltrechtsnorm wird nicht eingehalten
B = Verschärfung der gesetzlichen Regelung wird erwartet
C = derzeit keine Abweichung

Gesellschaftliche Akzeptanz
A =
B =   *unternehmensspezifisch eintragen*
C =

Gefährdungs- und Störfallpotential
A = hoch
B = mittel
C = nicht erkennbar

Umweltkosten
A = hoch
B = mittel
C = keine

Umweltwirkungen auf vor- und nachgelagerte Stufen
A =
B =   *unternehmensspezifisch eintragen*
C =

Nutzung nicht erneuerbarer Ressourcen
A =
B =   *unternehmensspezifisch eintragen*
C =

Ein Beispiel:

Bilanzposition: Lösungsmittel	A	B	C
Umweltrechtliche und -politische Anforderungen	x		
Gesellschaftliche Akzeptanz	x		
Gefährdungs- und Störfallpotential		x	
Umweltkosten			x
Umweltwirkungen auf vor- und nachgelagerte Stufen	x		
Nutzung nicht erneuerbarer Ressourcen			x

Ergebnis: Der Einsatz von Lösungsmitteln birgt hohe rechtliche, gesellschaftspolitische und wirkungsbezogene Risiken, die baldmöglichst zu reduzieren sind.

Maßnahmen dazu sind: ...

3

1   Zweck

Definieren einer vorbeugenden Gefahrenabwehr und geregelter Störfallre-
aktion

2   Anwendungsbereich

Gesamtes Unternehmen

3   Verantwortlichkeiten

Für das Entwickeln und Pflegen von Maßnahmen sind der Werkschutz, die
Beauftragten für Arbeitssicherheit, die Bbf und jede Mitarbeiterin bzw. jeder Mitarbeiter zuständig. Das Einhalten der Maßnahmen stellen Führungskräfte und Geschäftsleitung mit organisatorischen Mitteln und durch Un-
terweisung und Aufsicht sicher.

4   Regelungen

4.1   Gefahrenabwehr

Der Beauftragte für Arbeitssicherheit bzw. der Sicherheitsingenieur ist verantwortlich für Korrektheit, Vollständigkeit und Pflege folgender Unterlagen:

❑ Zeichnung des Werksgeländes mit sicherheitsrelevanten Anlagen und
   Einrichtungen
❑ Markieren von Zugangswegen in dieser Zeichnung
❑ Angabe von Art und Menge gelagerter Stoffe mit Hinweisen auf Berei-
   che, in denen nicht mit Wasser gelöscht werden darf, in der Legende der
   Zeichnung
❑ Angabe der Brandschutzeinrichtungen in der Legende der Zeichnung

Erstellt von:	Datum:
Version: 1	Seite: 2 von 4

❑ Angabe der Orte, an denen Anweisungen über die bei Störungen oder Vorfällen zu verständigenden Personen aushängen

❑ die zu informierenden Behörden (Feuerwehr, Umweltbehörde etc.)

❑ Anweisungen, welche Personen in welcher Art die Öffentlichkeit zu informieren haben

Bei den jährlichen Umweltschutzaudits werden diese Unterlagen auf Aktualität geprüft. Wesentliche Änderungen sind den Behörden bzw. der Feuerwehr mitzuteilen.

Neben diesen Maßnahmen führen die Beauftragten für Arbeitssicherheit und Umweltschutz regelmäßige Begehungen der umweltrelevanten Anlagen und Einrichtungen durch. Die Ergebnisse von Begehungen werden in die zu den Anlagen gehörenden Kontrollbücher eingetragen, auch wenn keine Unregelmäßigkeiten festgestellt wurden. Die Beauftragten organisieren regelmäßig zu wiederholende Unterweisungen und Übungen – eventuell in Zusammenarbeit mit der Feuerwehr – für das Verhalten bei Alarm.

4.2 Melde- und Entscheidungswege

Störfälle (z. B. Kesselexplosion) müssen dazu autorisierte Personen den Behörden unverzüglich melden. Vorkommnisse und Mängel, die keine Auswirkungen auf die Umgebung des Unternehmens haben können, werden den Behörden zunächst nicht gemeldet. Bei Gefahr im Verzug ist jeder Mitarbeiter verpflichtet, sofort den nächsten Vorgesetzten zu informieren und Maßnahmen zu ergreifen, die ihm zur Schadensbegrenzung geeignet erscheinen.

Das Feststellen von Mängeln, von denen keine unmittelbare Gefahr ausgeht, führt zu einer Meldung an den zuständigen Betriebsleiter und an den Umweltschutz- bzw. Sicherheitsbeauftragten. Diese eruieren die Ursache und erarbeiten Korrekturmaßnahmen. Abhängig von der Höhe der Kosten entscheidet der Betriebsleiter selbst oder trägt die nötigen Maßnahmen der Geschäftsleitung vor.

Erstellt von:	Datum:
Version: 1	Seite: 3 von 4

4.3 Unfallszenarien

Der Umweltausschuß ist verantwortlich für das Erarbeiten und Aktualisieren von Unfallszenarien, die mögliche Auswirkungen von Störfällen beschreiben (z. B.: Was kann im schlimmsten Fall bei einer Kesselexplosion passieren?). Die Ergebnisse führen zur Festlegung von Reaktionsplänen und eventuell zu zusätzlichen Sicherheitsmaßnahmen (siehe Anlage 2).

5 Mitgeltende Unterlagen

Anhang I, C 9 und 10	Öko-Audit-VO
4.3.7, Notfallvorsorge und Maßnahmenplanung	ISO 14001
Gefahrenabwehrpläne	Werkschutz
Alarmpläne	Werkschutz
Regelungen für die Störfallreaktion	Org. Anweisung xxx
Anlage 1, Ablaufschema Melden und Entscheiden	Handbuch
Anlage 2, Muster für ein »Unfallszenario«	Handbuch

Erstellt von:	Datum:
Version: 1	Seite: 4 von 4

Ablaufschema Melden und Entscheiden

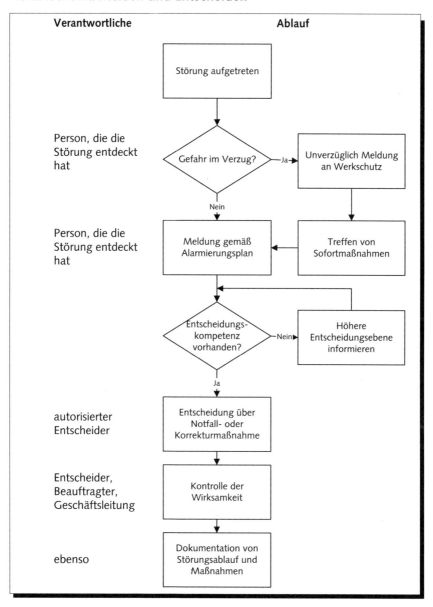

Muster für ein »Unfallszenario«

Anlage, Einrichtung, Tätigkeit	Größter anzunehmender Schaden	Reaktion, Vorbeugemaßnahme
Boden und Grundwasser		
Unterirdische Tanks – Heizöl – Benzin – Abwässer	Bei Undichtigkeit eines Tanks (doppelwandig) würden Boden und Grundwasser verunreinigt. Wasserschutzgebiete sind im größeren Umfeldbereich nicht vorhanden.	Anfordern von Unterstützung durch Feuerwehr bezüglich Messungen, Gutachten etc. Untere Wasserbehörde informieren. Boden ausheben und entsorgen etc. Alle Tanks sind doppelwandig und mit Leckanzeigen ausgerüstet. Regelmäßige Wartung durch Fremdfirma.
Havarien bei Gefahrstofftransporten – Frisch- und Altöle – Lacke und Lösungsmittel – Abwässer, Waschwässer – Kühlschmiermittel – Altchemikalien aus der Galvanik	Bei Auslaufen eines Gebindes können Boden und Grundwasser verschmutzt werden.	Mit Bindemitteln den ausgelaufenen Gefahrstoff am Eindringen in das Erdreich hindern. Bei entstandenem Schaden Erdreich untersuchen und sanieren.
Nebenläger Lackiererei – Lacke – Lösungsmittel	Bei Undichtigkeiten der Bodenplatte könnten Lacke und Lösungsmittel in das Erdreich gelangen und das Grundwasser verschmutzen.	Gebinde in maximal drei Ebenen lagern (Fallhöhe). Lagermengen auf 5.000 Liter begrenzt. Nur kleinere Gebinde lagern
Wasserbecken in Lackiereien Lösungmittelhaltige Lackrückstände	Bei Undichtigkeit der Becken können Boden und Grundwasser verschmutzen	Bei jedem Wasserwechsel und jeder Lackschlammentsorgung wird die Beschichtung der Becken auf Unversehrtheit geprüft. (Darüber hinaus siehe Zeile 1, Unterirdische Tanks)
		wie Zeile 1, Unterirdische Tanks Doppelwandiger, überwachter unterirdischer Sammeltank

$\rightarrow$

Anlage, Einrichtung, Tätigkeit	Größter anzunehmender Schaden	Reaktion, Vorbeugemaßnahme
Boden und Grundwasser		
Wasserbecken in der zentralen Entsorgungsanlage – schadstoffbelastetes Abwasser – Klärschlamm	Undichtigkeit des Tanks und Ausfall der Leckanzeige können zu Boden- und Grundwasserverschmutzung führen. Gleiches gilt für Abwassersammelbecken (beschichteter Beton)	Wie bei Lackierereien
Bearbeitungsmaschinen – Öle – Kühlschmiermittel	Bei Undichtigkeit des Hallenbodens kann Öl in Boden und Grundwasser eindringen.	Maschinen stehen in Wannen bzw. werden in Wannen gestellt (KVP). Die umliegenden Bodenflächen sind versiegelt. Schleifmaschinen sind an ein zentrales Schleifwassersystem mit Wasseraufbereitungseinheit angeschlossen. Es finden regelmäßige Dichtigkeitsprüfungen statt.
Härterei (Wärmebehandlung von Stahl) – Härtesalze – Härteöl – kontaminiertes Waschwasser	Bei Undichtigkeit der Sammeltanks der Waschwässer (Tanks stehen in Wannen) und Undichtigkeit des Kellerbodens können Boden und Grundwasser verschmutzen. Bei Undichtwerden des Ölabschreckbeckens und Undichtigkeit des Kellerbodens können Boden und Grundwasser verschmutzen.	Der Raum ist gekachelt und mit chemikalien- und hitzebeständigen Fliesen ausgelegt. Härteöfen stehen zusätzlich in einer betonierten, gekachelten Wanne.
Bonderei – Phosphatierungs- und Brüniermittel (Phosphorsäure und Schwefelsäure) – Waschwässer	Bei Undichtigkeit der Bäder, des Hallenbodens und des Kellerbodens können Boden und Grundwasser verschmutzen.	Die Bäder stehen in einer Wanne. Der Boden der Bonderei ist mit säurefesten Kacheln ausgelegt.

$\rightarrow$

Anlage, Einrichtung, Tätigkeit	Größter anzunehmender Schaden	Reaktion, Vorbeugemaßnahme
Boden und Grundwasser		
Erodierzentrum – Petroleum	Bei Undichtigkeit des Petroleumtanks (800 l) und der Maschinenbecken und undichtem Hallenboden kann Petroleum Boden und Grundwasser verschmutzen.	Auslaufendes Petroleum wird mit Bindemittel aufgefangen. Befüllen und Entleeren der Maschinenbecken erfolgt über sichere Leitungen durch zentrale Pumpstation. Doppelt vorhandene Füllstandsanzeigen sichern jedes Becken gegen Überfüllen.
Löschwasser – schadstoffbelastetes Wasser	Löschwasserrückhaltung ist nicht erforderlich, weil keine Sprinkleranlagen existieren. In gefährdeten Bereichen werden die Löschmittel CO_2 oder Argon verwendet. Von der Feuerwehr abgepumptes, mit Gefahrstoffen vermischtes Löschwasser kann im Tank der zentralen Entsorgungsanlage (bis zu 80.000 l) zwischengelagert werden.	nicht relevant
Abwasser		
Einleitestellen in Bereichen, die mit wassergefährdenden Stoffen umgehen	Gefahrstoffe können in die Kanalisation gelangen.	Abhängig von der Art des Ereignisses werden Kläranlage, Feuerwehr und untere Wasserbehörde informiert. Mitarbeiter in diesen Bereichen haben Unterweisungen erhalten. Meister führen Aufsicht.

$\rightarrow$

3

Anlage, Einrichtung, Tätigkeit	Größter anzunehmender Schaden	Reaktion, Vorbeugemaßnahme
Abwasser		
Havarien bei Gefahrguttransporten – siehe oben	Der Inhalt aufgeplatzter Gebinde/Fässer kann in die Kanalisation gelangen	Mitarbeiter, die Gefahrstoffe transportieren, werden besonders unterwiesen. Letzte Unterweisung fand am . . . statt. Bindemittel stehen zur Verfügung. Wenn Gefahr besteht, daß Stoffe in die Kanalisation gelangt sind, werden Kläranlage und ggf. weitere Stellen informiert.
Stellen, an denen wassergefärdende Stoffe ab- und umgefüllt werden – wassergefährdende Stoffe	Bei Mißachtung der Sicherheitsbestimmungen können Stoffe in die Kanalisation gelangen.	Ab- und Umfüllungen finden nur an Stellen statt, die dafür ausgestattet sind (undurchlässige Böden, Pumpen, Erdungseinrichtungen, Wannen).
Luft		
Heizungen – Gase – Ruß	Bei Störung des Brenners können die Grenzwerte der TA Luft überschritten werden (starke Rauchentwicklung).	Die Brenner werden regelmäßig gewartet. Die Abgaswerte mißt der Schornsteinfeger jährlich.
Lackieranlagen – Lösungsmittel	Überschreitung der Grenzwerte der TA Luft. Keine weiteren Auswirkungen.	Die Abluftanlagen der Lackierereien werden regelmäßig gewartet.
Strahlanlagen – Stahlkies – Rost – Zunder – Lackrückstände	Bei Ausfall der Filteranlage Überschreitung der Grenzwerte. Keine Auswirkungen auf Mitarbeiter und Nachbarn. Staubexplosion löst Brand mit entsprechenden Rauchgasen aus.	Die einwandfreie Funktion der Filteranlagen wird durch Druckdifferenzmessung automatisch überwacht. Bei Unter- oder Überschreiten der Grenzwerte erfolgt Störungsmeldung, woraufhin die Filter getauscht werden. Zur Vorbeugung einer Staubexplosion werden die Anlagen ständig überwacht und gewartet.

4

4.1.1 Eigenüberwachung
4.1.2 Fremdüberwachung

Erstellt von:	Datum:
Version: 1	Seite: 1 von 4

1 Zweck

Gewährleisten des bestimmungsgemäßen Betriebs

2 Anwendungsbereich

Gesamtes Unternehmen

3 Verantwortlichkeiten

Betreiber der genehmigungsbedürftigen Anlagen und Verantwortliche für umweltrelevante Einrichtungen und Tätigkeiten.

4 Regelungen

4.1 Gesetzliche Regelungen

Zur Eigenüberwachung gehören im wesentlichen Begehungen, Messungen und Aufzeichnungen. Für genehmigungsbedürftige Anlagen sind unsere Überwachungspflichten den im jeweiligen Genehmigungsbescheid enthaltenen Auflagen zu entnehmen. Nur diese Auflagen sind verbindlich!

Wir haben Vorsorge gegen schädliche Umweltbeeinträchtigungen, besonders durch Einhaltung des Standes der Technik, zu treffen. Alle technischen Prozesse, durch die Umweltbeeinträchtigungen entstehen können, müssen überwacht werden.

Für die Unternehmensleitung sind aktuelle Informationen über die Wirksamkeit und Verläßlichkeit der Überwachungsaktivitäten bereitzustellen.

4.2 Überwachungsinstrumente

Unseren Umweltschutzleitlinien gemäß betreiben wir Umweltschutz aus eigener Initiative und in eigener Verantwortung. Daher überlassen wir die

Erstellt von:	Datum:
Version: 1	Seite: 2 von 4

Qualität von Überwachungen nicht dem Engagement und der Tagesform eines Mitarbeiters, sondern geben in Form von Überwachungsplänen genau vor, was zu welchem Zeitpunkt von wem zu überwachen ist.

Zumindest für alle genehmigungsbedürftigen Anlagen sind Überwachungspläne zu führen. Ein ausgefüllter (bearbeiteter) Überwachungsplan wird zum Überwachungsprotokoll.

Überwachungspläne müssen mindestens folgende Angaben enthalten:

- ❑ betroffene Anlage, Einrichtung oder Tätigkeit (Name, technische Daten)
- ❑ überwachende Person
- ❑ Überwachungsintervall
- ❑ einzuhaltende Grenzwerte und andere behördliche Auflagen
- ❑ Überwachungsdatum
- ❑ besondere Feststellungen

4.3   Vorgehen bei der Überwachung

Die Organisation der Überwachung umweltrelevanter Anlagen, Einrichtungen, Stoffe und Tätigkeiten und die Aufsicht darüber obliegt den Personen, auf die die Geschäftsleitung Betreiberpflichten oder andere Umweltschutz-Verantwortlichkeiten delegiert hat. Diese Betreiber bzw. Verantwortlichen wiederum beauftragen Mitarbeiter mit Überwachungsaufgaben. Mit Zustimmung der Geschäftsleitung können auch Betriebsbeauftragten Überwachungsaufgaben übertragen werden.

Das Überwachen der Anlagen, Einrichtungen und Tätigkeiten, für die behördliche Auflagen bestehen, geschieht in jedem Fall mit Hilfe von Überwachungsplänen, die die Überwachungtätigkeit – ähnlich einer Pilotenchecliste – genau festlegen. Überwachungspläne und weitere Festlegungen enthält die Arbeitsanweisung zu diesem Kapitel.

4.4   Kontrolle der Eigenüberwachung

Überwachungen, die von Linienkräften (z. B. Meistern oder Facharbeitern) durchgeführt werden, sind von den Betriebsbeauftragten oder anderen unabhängigen Personen stichprobenartig zu kontrollieren. Überwachungsprotokolle sammeln die zuständigen Betriebsbeauftragten ein und werten sie aus. So sind Vollständigkeit und Korrektheit der im Rahmen der Eigenüberwachung durchzuführenden Maßnahmen sichergestellt.

4.5   Prüfmittel

Hier Angaben zur Verwaltung und Pflege (Kalibrierung) von Meß- und Analysegeräten eintragen, sofern solche im Unternehmen vorhanden sind.

5   Mitgeltende Unterlagen

Anhang I, B 4 Aufbau- und Ablaufkontrolle	Öko-Audit-VO
4.4.1 Überwachung und Messung	ISO 14001
Kap. 3.6.9, Kataster	Handbuch
Anlage 1, Anlagen und dafür geltende Überwachungs- pflichten	Handbuch
UAA 4.1.1, Überwachungsplan-, -protokoll Abwasser	Handbuch
UAA xxxx, für weitere Anlagen, Einrichtungen und Tätigkeiten	

Erstellt von:	Datum:
Version: 1	Seite: 4 von 4

Anlagen und dafür geltende Überwachungspflichten

Anlage	Grenzwerte	Gesetzliche Bestimmungen	Überwachungs- pflichten
Anlage: Feuerungsanlage Gas Leistung: 40 kW Ort: Werk 1	CO_2-Anteil des Volumenstroms max. 10%	§ 11 der ersten BlmSchV § 14 der ersten BlmSchV Genehmigungsbe- scheid vom 1.6.88	– Führen eines Kes- selbuchs mit Auf- zeichnung der Ver- bräuche und Kon- trollergebnisse – Einmal jährlich Schornsteinfeger- messung
Acetylenlager, Geb. 46			
Ammonium Druckbe- hälter, Geb. 13			
Ölkeller, Geb. 12			
Giftraum, Geb. 12			
Bereitstellung von Son- derabfällen, Geb. 12			
Öllager, Geb. 29 und 30			
Kühlmittel-Aufberei- tung, Geb. 2			
Hausdruckerei, Geb. 48			
Heizöl-Tankfeld, Geb. 4			
Ammoniak Druck- behälter, Kesselhaus			
Spänelager, Freigelände			
Petroleum Tank- anlage, Geb. 3			
Sammelstation Späne/ Emulsionen, Geb. 3			
Zentrale Emulsions- anlage, Geb. 2			
usw.			

1 Zweck

Festlegen der Überwachungspflichten für die Emulsionstrennanlage

2 Anwendungsbereich

Werk 1, Bereich Instandhaltung

3 Verantwortlichkeiten

Für das Aufrechterhalten des bestimmungsgemäßen Betriebs sind grundsätzlich die Betreiber der genehmigungsbedürftigen Anlagen bzw. die Verantwortlichen für umweltrelevante Einrichtungen und Tätigkeiten zuständig. Die Bbf unterstützen die Verantwortlichen und führen Kontrolltätigkeiten durch.

4 Anweisungen

Gemäß Genehmigungsbescheid vom 18.4.1991 für den Betrieb der Emulsionstrennanlage müssen folgende Auflagen eingehalten werden:

Auflagen / Messungen	
– Geschulter und verantwortlicher Fachmann sowie Vertreter für die Wartung	
– Aushängen der Betriebsanleitung	
– Dichte Bodenflächen mit Nachweispflicht der Dichtigkeit	
– Überwachen des ordnungsgemäßen Betriebs der Anlage durch einen Betriebsbeauftragten	
– Prüfen des betriebsinternen Kanalnetzes gemäß DIN 4033 und Erstellen von Aufzeichnungen	
– Sichtkontrolle Dichtigkeit Vorratsbecken	halbjährlich
– Sichtkontrolle Dichtigkeit oberirdischer Behälter	wöchentlich
– Sichtkontrolle Dichtigkeit Pufferbecken	halbjährlich
– pH-Wert und Chemikalienprüfung	wöchentlich
– Prüfung Füllstandsanzeige	wöchentlich
– Prüfung Umwälzeinrichtung	wöchentlich

$\rightarrow$

Erstellt von:	Datum:
Version: 1	Seite: 1 von 2

Auflagen / Messungen	
– Prüfung auf Dichtigkeit des Endkontrollschachts	monatlich
– Ermittlung Abwassermenge	kontinuierlich
– pH-Wert-Kontrolle mit Vorlage des Meßstreifens	kontinuierlich
– Kontrolle des Schnellabschlußschiebers	täglich
– Messen der Abwasserbelastung	
– LHKW, BXT	wöchentlich
– Blei, Kupfer etc.	monatlich
– Messung durch staatlich anerkannte Stelle	halbjährlich
– Führen von Aufzeichnungen in einem Beriebstagebuch:	
– Analyseergebnisse	
– Abwassermenge pro Tag	
– Beriebsstunden der Anlage	
– durchgeführte Kontrollen	
– besondere Vorkommnisse	

Darüber hinaus sind das Bundes-Wasserhaushaltsgesetz, das Hessische Wassergesetz, die Satzung der Stadt Hintertupfing, das Hessische Indirekteinleitergesetz und die Verwaltungsvorschrift über Mindestanforderungen an das Einleiten in Gewässer zu beachten.

5 Mitgeltende Unterlagen

Kap. 2.2, Gesetze und andere Vorschriften	Handbuch
Kap. 3.1, Organisation, Verantwortlichkeiten, Delegationen, Mittel	Handbuch
Kap. 3.6.9, Kataster	Handbuch
Anlage 1, Überwachungsplan/-protokoll Abwasser	Handbuch

Nach diesem Muster sollte für jede genehmigungsbedürftige Anlage eine UAA erstellt werden.

Erstellt von:	Datum:
Version: 1	Seite: 2 von 2

Überwachungsplan/-protokoll Abwasser	
Standort:	Hintertupfing
Anlagenbezeichnung:	Spaltanlage RT 200 HL

Technische Daten:
- Durchsatz pro Tag $2\ m^3$
- Inhalt Reaktionsbehälter   200 l
- Inhalt Spaltmittelbehälter   40 l
- Inhalt Schlammsäcke   2 x 50 l
- Chemikalien   Säure, Lauge, Wasserstoffperoxyd

Betriebsleiter: Herr Schmidt

Beauftragter: Herr Schulze-Meier

Überwachungsaufgaben:	Intervalle:
- Begutachten des Schlammbildes	regelmäßig
- Entlüften	regelmäßig
- Justieren der pH-Sonde	monatlich
- Prüfen Art und Menge Chemikalien	regelmäßig
- Messungen	vierteljährlich
- Führen Abwasser-Tagebuch	täglich

Soll-Werte:		Ist-Werte am: *1.6.96*	Anmerkung:
max. Temperatur	30 °C		
pH-Wert	6	*5,6*	*keine Unregelmäßigkeiten*
CSB	110 mg/l	*105,0*	
BSB_5	25 mg/l	*30,0*	
Ammonium-Stickstoff	10 mg/l	*8,0*	
Phosphor gesamt	3 mg/l	*2,5*	

Ergebnisse:	*Auflage eingehalten*
	Anlage arbeitet einwandfrei

Bearbeitet am:	13. 6. 1994	**Ablage:** Bbf für Gewässerschutz
von:	Schulze-Meier	**Dokumentennummer:** Ü 01

1

1   Zweck
2   Anwendungsbereich
3   Verantwortlichkeiten
4   Regelungen
5   Mitgeltende Unterlagen

1　Zweck

Kennen der behördlichen Überwachungsaktivitäten

2　Anwendungsbereich

Gesamter Geschäftsbereich

3　Verantwortlichkeiten

Betreiber, Betriebsbeauftragte

4　Regelungen

Allen Personen mit Verantwortlichkeiten im Umweltschutz sollen die behördlichen Überwachungsaktivitäten bekannt sein. Der Beauftragte für Umweltmanagement bzw. die von ihm beauftragte Personen dokumentiert, welche Behörde an welcher Anlage, Einrichtung oder Tätigkeit zu welchen Zeiten welche Überwachungen (inhaltlich) vornimmt. Die jeweilige Rechtsgrundlage für die behördliche Überwachung ist den Verantwortlichen mitzuteilen. Anlage 1 enthält alle Angaben in Tabellenform.

5　Mitgeltende Unterlagen

Anlage 1, Behördliche Überwachungsaktivitäten　　　　　Handbuch

Behördliche Überwachungsaktivitäten

Anlage, Einrichtung, Tätigkeit	Zeitpunkt nächste Überwachung bzw. Überwachungs-intervall	Behörde und Inhalt der Überwachung	Rechtsgrundlage für die Überwachung
Emulsionstrennanlage	*6/96 jährlich*	*Untere Wasser-behörde*	*Hessisches Wassergesetz IndirekteinleiterVO Stadtentwässerungssat-zung*

Ein Beispiel ist kursiv abgedruckt.

1   Zweck
2   Anwendungsbereich
3   Verantwortlichkeiten
4   Regelungen
4.1   Erkennen von Abweichungen
4.2   Planen, Durchführen, Überwachen von Korrekturmaßnahmen
4.3   Korrekturen bei Validierungen
5   Mitgeltende Unterlagen

Erstellt von:	Datum:
Version: 1	Seite: 1 von 3

1 Zweck

Sicherstellen, daß Abweichungen von Regelungen erkannt und behoben werden

2 Anwendungsbereich

Gesamtes Unternehmen

3 Verantwortlichkeiten

Alle Mitarbeiter mit Umweltschutzaufgaben

4 Verfahren

4.1 Erkennen von Abweichungen

Abweichungen beziehen sich auf Regelungen. Regelungen sind alle in diesem Handbuch und den zugehörigen Dokumenten enthaltenen Anweisungen, insbesondere Überwachungsvorschriften. Abweichungen von diesen Regelungen werden unter anderem erkannt durch:

- ❏ interne Audits
- ❏ Umweltmanagement-Reviews
- ❏ Umweltbetriebsprüfungen
- ❏ Begehungen von Räumen und Geländen mit Aufzeichnung der Ergebnisse
- ❏ Überwachen von Anlagen und Einrichtungen mit Protokollen der Überwachung
- ❏ Lieferantenbewertungen und Lieferantenaudits
- ❏ Untersuchungen bei Reklamationen
- ❏ Wareneingangskontrollen
- ❏ Laborprüfungen
- ❏ Prototypenprüfungen

Erstellt von:	Datum:
Version: 1	Seite: 2 von 3

4.2 Planen, Durchführen, Überwachen von Korrekturmaßnahmen

Beim Feststellen einer Abweichung aufgrund der genannten Maßnahmen erarbeiten die zuständigen Stellen Vorschläge einschließlich der nötigen Angaben zu Personalaufwand, Dauer und Kosten der Korrekturmaßnahme. Über die Realisierung entscheidet die zuständige Linienstelle oder die Unternehmensleitung.

Für das Durchführen der Korrekturmaßnahmen ist die betroffene Stelle zuständig. Sie erarbeitet auch einen Vorschlag zur künftigen Vermeidung vergleichbarer Abweichungen und gibt diesen Vorschlag bekannt. Für das Anpassen von Dokumenten an gewonnene Erkenntnisse ist ebenfalls die korrigierende Stelle zuständig.

Der zuständige Betriebsbeauftragte oder eine andere vom Betreiber bestimmte Person überwacht die Wirksamkeit der Maßnahmen. Nach abgeschlossener Überwachung wird ein Bericht erstellt und dem verantwortlichen Betreiber vorgelegt.

4.3 Korrekturen bei Validierungen

Der Umweltgutachter kann Änderung von Verfahren, Prozessen, Anlagen und Praktiken verlangen, die kurzfristig zu realisieren sind und bei einer Nachprüfung abgenommen werden. Der BfUM führt eine Liste mit Forderungen des Gutachters und den zugehörigen Verantwortlichen und Terminen. Bei Verzögerungen oder technischen und/oder organisatorischen Problemen informiert er die Unternehmensleitung. Kann der vereinbarte Nachprüfungstermin nicht eingehalten werden, informiert der BfUM rechtzeitig den Umweltgutachter, um zu vermeiden, daß die Validierung abgebrochen wird.

5 Mitgeltende Unterlagen

Anhang I, B 4 Nichteinhaltung und Korrekturmaßnahmen   Öko-Audit-VO
4.4.2 Abweichungen, Korrektur- und Vorsorgemaßnahmen   ISO 14001

Erstellt von:	Datum:
Version: 1	Seite: 3 von 3

1   Zweck

Dokumentieren des bestimmungsgemäßen Betriebs

2   Anwendungsbereich

Gesamtes Unternehmen

3   Verantwortlichkeiten

Alle Personen mit Umweltschutzaufgaben

4   Regelungen

Aufzeichnungen werden wie Dokumente behandelt. Ihre Kennzeichnung (Freigabe, Änderungsstand etc.), Ablage und Aufbewahrung geschieht analog der Regeln für die Dokumentenlenkung. Aufzeichnungen können in der Dokumentenmatrix geführt werden. Zu einigen Aufzeichnungen, wie Überwachungsplänen oder Abfallbegleitscheinen, sind vom Gesetzgeber oder intern Formulare vorgegeben. Zu anderen wichtigen Aufzeichnungen gibt der zuständige Betreiber oder eine von ihm beauftragte Person Gliederungen vor.

5   Mitgeltende Unterlagen

Anhang I, B 5 Umweltmanagement-Dokumentation   Öko-Audit-VO
4.4.3 Aufzeichnungen und Protokolle   ISO 14001
Kap. 3.5, Dokumentation des Umweltmanagementsystems Handbuch

Erstellt von:	Datum:
Version: 1	Seite: 2 von 2

1 Zweck

Prüfen der Erfüllung von Forderungen des Umweltmanagementsystems

2 Anwendungsbereich

Gesamtes Unternehmen

3 Verantwortlichkeiten

BfUM, Betreiber, Bbf, (externe Auditoren)

4 Regelungen

Das Umweltaudit soll die Übereinstimmung der Praxis mit den Festlegungen des Umweltmanagements (die dieses Handbuch beschreibt) feststellen und Möglichkeiten der Optimierung von Abläufen und Prozessen eruieren.

4.1 Planung

Umweltmanagement-Audits werden nach ISO 14011 durchgeführt. Im ersten Quartal jedes Kalenderjahres erstellt der BfUM einen Jahres-Auditplan. Dieser Plan enthält mindestens:

❑ die zu auditierenden Bereiche bzw. Abteilungen
❑ zu auditierende Lieferanten
❑ die teilnehmenden Personen
❑ einen mit den Abteilungen abgestimmten Terminplan mit Start- und Schlußtermin.

Der abgestimmte Auditplan wird bis spätestens Ende März der Geschäftsleitung vorgelegt. Diese entscheidet über seine Realisierung.

Erstellt von:	Datum:
Version: 1	Seite: 2 von 4

Bei der Auswahl des Auditteams hat der Auditleiter besonders darauf zu achten, daß alle Teammitglieder

❑ über gute Kenntnisse der ISO 14011 und der umweltrelevanten Prozesse der zu prüfenden Bereiche verfügen,
❑ in Frage- bzw. Kommunikationstechnik geschult sind.

Sollte die erforderliche Neutralität der Auditoren nicht zu gewährleisten sein, sind externe Auditoren einzusetzen.

4.2 Durchführung

Audits dienen der Verbesserung organisatorischer Abläufe und der ständigen Verbesserung der Umweltschutzleistungen der Muster GmbH. Zur Auditdurchführung gehören:

❑ Einführungsgespräch mit dem zu prüfenden Bereich
❑ Befragung von Führungskräften und Mitarbeitern
❑ Begehung von Betrieben
❑ Durchsicht von Unterlagen, insbesondere Handbuch und Verfahrensanweisungen
❑ Bewertung von Überwachungsvorgängen und Meßmethoden
❑ Schlußgespräch, bei dem Unstimmigkeiten möglichst ausgeräumt werden

Den Ablauf eines internen Audits stellt Anlage 1 zu Kap. 4.4 dar. UVA 4.4 enthält eine Liste mit den Hauptfragen für Umweltmanagement-Audits. Sie ist an die Gegebenheiten der jeweils zu prüfenden Stelle anzupassen.

4.3 Bericht

Zu jedem Audit wird ein ausführlicher Bericht erstellt, der mindestens Angaben enthält zu:

❑ dem Auftraggeber des Audits
❑ dem geprüften Bereich
❑ dem Auditteam

Erstellt von:	Datum:
Version: 1	Seite: 3 von 4

❑ Zielen und Umfang des Audits
❑ den festgestellten Übereinstimmungen und Abweichungen

Die Leitung der geprüften Stelle und der Auditleiter sollen der Unternehmensleitung den Bericht gemeinsam vorgestellen.

5 Mitgeltende Unterlagen

Anlage 1, Ablauf eines Audits   Handbuch
UVA 4.4, Umweltbetriebsprüfung, Validierung   Handbuch

Ablauf eines Audits

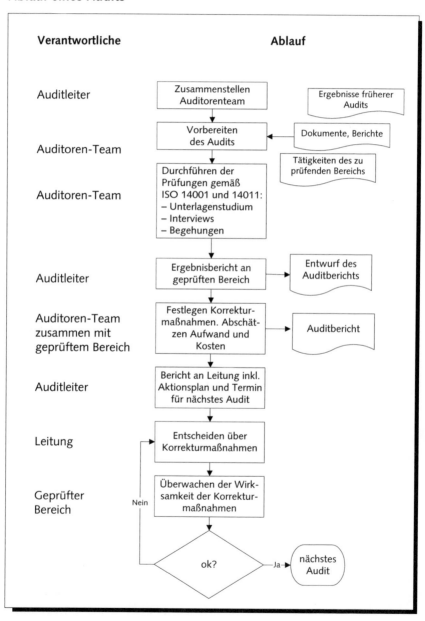

Verantwortliche   **Ablauf**

Auditleiter — Zusammenstellen Auditorenteam — Ergebnisse früherer Audits

Auditoren-Team — Vorbereiten des Audits — Dokumente, Berichte

Tätigkeiten des zu prüfenden Bereichs

Auditoren-Team — Durchführen der Prüfungen gemäß ISO 14001 und 14011: – Unterlagenstudium – Interviews – Begehungen

Auditleiter — Ergebnisbericht an geprüften Bereich — Entwurf des Auditberichts

Auditoren-Team zusammen mit geprüftem Bereich — Festlegen Korrektur-maßnahmen. Abschätzen Aufwand und Kosten — Auditbericht

Auditleiter — Bericht an Leitung inkl. Aktionsplan und Termin für nächstes Audit

Leitung — Entscheiden über Korrekturmaßnahmen

Geprüfter Bereich — Überwachen der Wirk-samkeit der Korrektur-maßnahmen

Nein

ok? — Ja — nächstes Audit

1 Zweck

Festlegen des Ablaufs von Betriebsprüfungen und Validierungen

2 Anwendungsbereich

Gesamtes Unternehmen

3 Verantwortlichkeiten

Die generelle Verantwortung für Umweltbetriebsprüfungen und Validierungen hat der BfUM. Ihn unterstützen QM-Auditoren, Bbf und Betreiber.

4 Anweisungen

4.1 Umweltbetriebsprüfung

Die Umweltbetriebsprüfung ist ein spezielles, alle Bereiche umfassendes Umweltmanagement-Audit zur Vorbereitung auf die Validierung des Umweltmanagementsystems durch den Umeltgutachter. Sie wird – wie andere interne Audits auch – nach den in Kap. 4.4 festgelegten Regelungen (ISO 14011) durchgeführt. Besonders zu beachten sind die Bestimmungen der Öko-Audit-Verordnung (Anhang I C) und die Qualifikation der Auditoren.

Die Öko-Audit-Verordnung fordert eine Beurteilung folgender Gesichtspunkte:

❑ Umweltauswirkungen
❑ Energiemanagement
❑ Ressourcenmanagement
❑ Emissionen, Abfälle, Lärm
❑ Produktionsverfahren
❑ Lebenswege von Produkten

Erstellt von:	Datum:
Version: 1	Seite: 1 von 4

- ❏ Praktiken von Auftragnehmern
- ❏ Verhütung von Unfällen
- ❏ Ausbildung und Motivation der Mitarbeiter
- ❏ Information der Öffentlichkeit

Interne Auditoren und interne Umweltbetriebsprüfer (Auditleiter) führen die Umweltbetriebsprüfung durch. Umweltbetriebsprüfer der Muster GmbH haben in speziellen Schulungen eine dem Umweltgutachter entsprechende Qualifikation erworben. Sie verfügen über Fachkunde in folgenden Bereichen:

- ❏ Umweltrecht (die relevanten Rechtsnormen)
- ❏ Umwelttechnik (die relevanten Techniken)
- ❏ Methodik und Durchführung der Umweltbetriebsprüfung
- ❏ Betriebsbezogene Umweltangelegenheiten (Umweltschutzorganisation)
- ❏ Betriebliches Management (Unternehmensführung)

4.2 Dem Umweltgutachter vorzulegende Unterlagen

Spätestens vier Wochen vor dem Validierungstermin sind dem Umweltgutachter folgende Unterlagen zu übergeben:

- ❏ Bericht über die Ergebnisse der Umweltprüfung (Situationsanalyse) oder Bericht über die Ergebnisse der Umweltbetriebsprüfung
- ❏ Entwurf der Umwelterklärung
- ❏ Umweltmanagementhandbuch
- ❏ Eine Auditplanung für die nächsten drei Jahre

Ein Umweltbetriebsprüfungsgericht enthält mindestens:

- ❏ Umfang und Ziele der Betriebsprüfung
- ❏ Namen der Mitglieder des Prüfungsteams
- ❏ geprüfte Bereiche/Abteilungen
- ❏ zugrundegelegte Dokumentation einschließlich Handbuch
- ❏ Fragenliste zu den Prüfungen
- ❏ Ergebnisse der Prüfungen
- ❏ bis zur Validierung durchzuführende Korrekturmaßnahmen

Erstellt von:	Datum:
Version: 1	Seite: 2 von 4

Die Unterlagen müssen inhaltlich richtig und vollständig sein. Die Form ist
nicht entscheidend.

4.3 Validierung

Die Abnahme des UMS zum Zweck der Eintragung in das Register geprüfter Standorte kann nur ein staatlich zugelassener Umweltgutachter (natürli-
che Person) oder eine zugelassene Umweltgutachterorganisation (juristi-
sche Person) durchführen. Für das Erteilen des Auftrags an einen Umweltgutachter ist der BfUM im Auftrag der Geschäftsleitung zuständig. Er kann
die Abnahme ausschreiben oder den Auftrag direkt vergeben.

Ein interner Umweltbetriebsprüfer führt mit dem Umweltgutachter vor Beginn der Validierung ein Gespräch über deren Verlauf. War ein Berater für
die Muster GmbH tätig, soll er an dem Gespräch teilnehmen. Die betroffenen Stellen werden über die Ergebnisse des Gesprächs (worauf legt der
Umweltgutachter besonderen Wert etc.) informiert und erhalten Zeit zur
Vorbereitung.

Der BfUM – zusammen mit den Betreibern – legt die an der Abnahme teilnehmenden Personen fest. Der interne Umweltbetriebsprüfer begleitet die
Abnahme von Anfang bis Ende.

Er hat darauf zu achten, daß die Abnahme nicht eine Wiederholung der
Umweltbetriebsprüfung wird, sondern sich entsprechend der Öko-Audit-
Verordnung auf die Prüfung der Glaubwürdigkeit des vorgelegten Berichts
und die Fähigkeit des Systems beschränkt, Abweichungen von der Umweltpolitik des Unternehmens und den relevanten Rechtsnormen und Auflagen erkennen und korrigieren zu können. Gemäß Öko-Audit-Verordnung
hat der Umweltgutachter

❏ die zum Umweltmanagement gehörenden Unterlagen zu begutachten,
❏ Besichtigungen im Betrieb durchzuführen,
❏ Interviews mit Mitarbeitern zu führen,
❏ das Umweltmanagement auf Vollständigkeit, Korrektheit und Glaubwürdigkeit zu prüfen,
❏ die Umwelterklärung für gültig zu erklären.

Erstellt von:	Datum:
Version: 1	Seite: 3 von 4

Weicht der Umweltgutachter von diesen Regelungen ab, ist unverzüglich die Geschäftsleitung zu informieren. Nach Abschluß der Abnahme legt der interne Umweltbetriebsprüfer, der die Abnahme begleitet hat, der Geschäftsleitung einen Bericht vor.

Der Umweltgutachter erklärt nach Abschluß seiner Prüfungen oder – nach Durchführung der nötigen Korrekturmaßnahmen durch das Unternehmen – die Umwelterklärung für gültig.

Der Standort wird von der IHK in das Register geprüfter Standorte eingetragen, wenn die zuständigen Umweltbehörden innerhalb von vier Wochen keine Einwände geltend machen.

Nach der Registrierung wird die Muster GmbH das EU-Auditzeichen auf ausgewählten Dokumenten (beispielsweise Angeboten) und in Broschüren führen.

5   Mitgeltende Unterlagen

Anlage 1, Ablauf Umweltbetriebsprüfung   Handbuch
     und Validierung
Anlage 2, Liste der Hauptfragen zu Umweltaudits   Handbuch
Anlage 3, Planung eines Bereichsaudits   Handbuch
Anlage 4, Fragetechnik   Handbuch
Anlage 5, Bericht über die Umweltprüfung   Handbuch
Anlage 6, Umweltprüfung (Ist-Analyse) zu Beginn eines
     Umweltmanagementprojekts   Handbuch

Ablauf Umweltbetriebsprüfung und Validierung

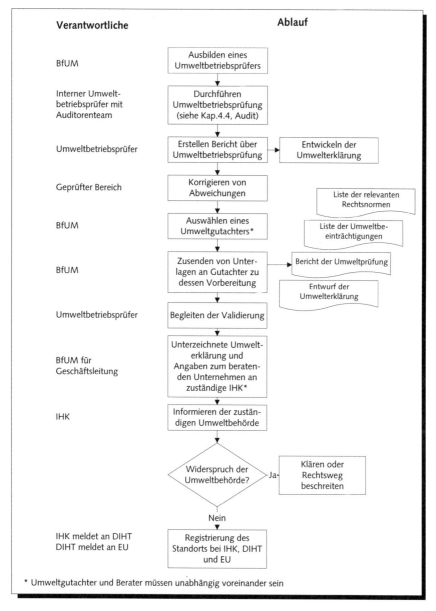

Verantwortliche	Ablauf

BfUM → Ausbilden eines Umweltbetriebsprüfers

Interner Umwelt-betriebsprüfer mit Auditorenteam → Durchführen Umweltbetriebsprüfung (siehe Kap.4.4, Audit)

Umweltbetriebsprüfer → Erstellen Bericht über Umweltbetriebsprüfung → Entwickeln der Umwelterklärung

Geprüfter Bereich → Korrigieren von Abweichungen

Liste der relevanten Rechtsnormen

BfUM → Auswählen eines Umweltgutachters*

Liste der Umweltbe-einträchtigungen

BfUM → Zusenden von Unterlagen an Gutachter zu dessen Vorbereitung → Bericht der Umweltprüfung

Entwurf der Umwelterklärung

Umweltbetriebsprüfer → Begleiten der Validierung

BfUM für Geschäftsleitung → Unterzeichnete Umwelterklärung und Angaben zum beratenden Unternehmen an zuständige IHK*

IHK → Informieren der zuständigen Umweltbehörde

Widerspruch der Umweltbehörde? — Ja → Klären oder Rechtsweg beschreiten

Nein

IHK meldet an DIHT DIHT meldet an EU → Registrierung des Standorts bei IHK, DIHT und EU

* Umweltgutachter und Berater müssen unabhängig voreinander sein

Liste der Hauptfragen zu Umweltaudits

Erläuterungen

G = Gewicht der Frage (1 = gering, 2 = mittel, 3 = hoch)
B = Bewertung der Frage (1 = nicht erfüllt, 2 = teilweise erfüllt aber nicht akzeptabel, 3 = teilweise erfüllt aber akzeptabel, 4 = erfüllt)
Σ = Summe aus G x B

Das Ergebnis wird mit der ausgefüllten Fragenliste dokumentiert. Es kann auch in einem Prozentwert ausgedrückt werden: Erreichte Summe : max. mögliche Summe = Ergebnis in %

Beispiel für die Handhabung der Liste

Kapitel der Norm	Frage	G	B	Σ
1.1	Sind Leitlinien der Umweltpolitik definiert?	3	4	12

Kapitel der Norm	Frage	G	B	Σ
1	**Umweltpolitik**			
1.1	Sind Leitlinien zur Umweltpolitik definiert?			
1.2	Ist die Umweltpolitik intern und extern bekanntgegeben?			
1.3	Sind die Leitlinien zur Umweltpolitik von der Leitung unterschrieben?			
1.4	Enthält die Umweltpolitik eine Verpflichtung zur Einhaltung aller relevanten Rechtsnormen und zur kontinuierlichen Verbesserung der Umweltschutzleistungen?			
1.5	Ist sichergestellt, daß die Umweltpolitik aktualisiert wird?			
2	**Umweltauswirkungen**			
2.1	**Mitteilungen und Abschätzung von Auswirkungen**			
2.1.1	Ist sichergestellt, daß Mitteilungen dem zuständigen Bearbeiter unverzüglich bekannt werden?			
2.1.2	Existieren Regelungen für das Bearbeiten von Mitteilungen?			
2.1.3	Ist geregelt, wie interne Mitteilungen bzw. Anregungen behandelt werden?			
	Σ			

$\longrightarrow$

1

Kapitel der Norm	Frage	G	B	Σ
	Übertrag			
2.1.4	Existiert eine Übersicht aller Umweltbeeinträchtigungen?			
2.1.5	Existiert eine Methode zur Abschätzung eventuell auftretender Auswirkungen?			
2.1.6	Werden die eventuell auftretenden Auswirkungen neuer Projekte und Verfahren im voraus beurteilt?			
2.2	**Dokumentation und Pflege gesetzlicher und anderer Vorschriften**			
2.2.1	Werden Rechtsnormen und technische Regeln aktuell erfaßt?			
2.2.2	Wird die Bedeutung relevanter Rechtsnormen beschrieben und allen Betroffenen zur Kenntnis gegeben?			
2.2.3	Wie ist sichergestellt, daß dem Unternehmen Änderungen von Rechtsnormen und Gesetzgebungsvorhaben rechtzeitig bekannt werden?			
2.2.4	Sind die Beauftragten in der Lage, Linienkräfte in der Anwendung von Rechtsvorschriften zu beraten?			
2.3	**Umweltspezifische Ziele und Vorgaben**			
2.3.1	Ist geregelt, wie operative Vorgaben (Umweltprogramme) aus strategischen Zielen (Leitlinien der Umweltpolitik) abgeleitet werden?			
2.4	**Umweltprogramme**			
2.4.1	Sind Kriterien für die Entwicklung und Kontrolle von Umweltprogrammen festgelegt?			
2.4.2	Ist sichergestellt, daß der Umweltschutz in allen Projekten des Unternehmens berücksichtigt wird?			
2.4.3	Wie werden Umweltprogramme überwacht und fortgeschrieben?			
3	**Organisation und Personal**			
3.1.1	**Verantwortlichkeiten und Befugnisse**			
	Σ			

$$\rightarrow$$

Kapitel der Norm	Frage	G	B	Σ
	Übertrag			
3.1.1.1	Ist die Umweltschutzorganisation vollständig in einem Organisationsplan dargestellt?			
3.1.1.2	Ist festgelegt, wer den Organisationsplan pflegt?			
3.1.1.3	Ist ein Mitglied der Unternehmensleitung nach § 52 a BImSchG benannt?			
3.1.1.4	Wurde die Umweltschutz-Organisation der zuständigen Behörde mitgeteilt?			
3.1.1.5	Ist der Betriebsrat am Umweltschutz beteiligt?			
3.1.1.6	Sind Verantwortlichkeiten schriftlich delegiert?			
3.1.1.7	Existiert eine vollständige Übersicht aller Umweltschutzaufgaben?			
3.1.1.8	Wurden allen Mitarbeitern mit Umweltschutzaufgaben Stellenbeschreibungen ausgehändigt?			
3.1.1.9	Gibt es eine Selbstverpflichtung der Unternehmensleitung?			
3.1.1.10	Unterliegt das Unternehmen dem Umwelthaftungsgesetz?			
3.1.1.11	Sind die sich aus dem Umwelthaftungsgesetz ergebenden Risiken beschrieben?			
3.1.1.12	Existiert ein Umweltausschuß?			
3.1.1.13	Ist festgelegt, wie Konflikte zwischen Umweltschutzzielen und anderen Geschäftszielen vermieden werden?			
3.1.2	**Beauftragter für Umweltmanagement**			
3.1.2.1	Sind die Verantwortlichkeiten und die Befugnisse des Beauftragten schriftlich geregelt?			
3.1.3	**Planung und Freigabe von Mitteln**			
3.1.3.1	Ist sichergestellt, daß Mittel für den Umweltschutz bei der jährlichen Investitions- und Kostenplanung berücksichtigt werden?			
3.1.3.2	Ist die Beantragung von Fördermitteln geregelt?			
3.1.3.3	Haben die Umweltschutzbeauftragten eigene Budgets?			
	Σ			

→

Kapitel der Norm	Frage	G	B	Σ
	Übertrag			
3.1.3.4	Ist sichergestellt, daß bei Investitionsplanungen die absehbare Entwicklung von Rechtsnormen und der Stand der Technik berücksichtigt werden?			
3.1.3.5	Werden Umweltschutzkosten und -investitionen vom Rechnungswesen als solche ausgewiesen?			
3.1.3.6	Werden Kosten den Verursachern zugeordnet?			
3.1.4	**Verhalten von Vertragspartnern auf dem Werksgelände**			
3.1.4.1	Sind Verhaltensanweisungen/Leistungen von Vertragspartnern in Verträgen bzw. Aufträgen definiert?			
3.1.5	**Beschaffung von Material und Leistungen**			
3.1.5.1	Ist definiert, welche Anlagen, Einrichtungen, Tätigkeiten, Materialien und Stoffe umweltrelevant sind?			
3.1.5.2	Ist sichergestellt, daß bestimmte Stoffe nicht beschafft werden?			
3.1.5.3	Ist gewährleistet, daß umweltbelastende Stoffe substituiert werden?			
3.1.5.4	Ist sichergestellt, daß vor der Beschaffung von Stoffen Sicherheitsdatenblätter eingeholt und ausgewertet werden?			
3.1.5.5	Werden regelmäßig alternative Lieferanten eruiert?			
3.1.5.6	Werden Lieferantenaudits durchgeführt?			
3.2	**Schulung und Bewußtseinsbildung**			
3.2.1	Ist sichergestellt, daß alle pflichtigen Ausbildungen durchgeführt werden?			
3.2.2	Wie wird der Schulungsbedarf ermittelt?			
3.2.3	Wird das Verhalten in Notfällen geübt?			
3.2.4	Wie wird die Wirksamkeit von Schulungen festgestellt?			
3.2.5	Werden Mitarbeiter zur Abgabe von Verbesserungsvorschlägen angehalten?			
	Σ			

Kapitel der Norm	Frage	G	B	Σ
	Übertrag			
3.3	**Kommunikation**			
3.3.1	Wie werden Mitarbeiter über die Umweltschutz-Situation des Standorts und Umweltschutz-Maßnahmen informiert?			
3.3.2	Ist geregelt, wie Fragen und Anregungen interessierter Kreise bearbeitet werden?			
3.3.3	Gibt die Umwelterklärung die tatsächlichen Umweltbeeinträchtigungen und die Umweltschutzleistungen in verständlicher Form wieder?			
3.3.4	Wird die Umwelterklärung vor ihrer Freigabe bewertet?			
3.3.5	Ist festgelegt, wie die Umwelterklärung veröffentlicht wird?			
3.4	**Lenkung von Dokumenten**			
3.4.1	Wird der Normalbetrieb so dokumentiert, daß jederzeit der »Unschuldsbeweis« erbracht werden kann?			
3.4.2	Ist sichergestellt, daß alle Dokumente der Dokumentenlenkung unterliegen?			
3.4.3	Ist die Dokumentenmatrix aktuell und vollständig?			
3.4.4	Behandelt das Handbuch alle Elemente der Öko-Audit-Verordnung bzw. der ISO 14001?			
3.4.5	Sind die Querverweise auf andere Dokumente nachvollziehbar?			
3.6	**Ablauflenkung**			
3.6.1	**Verfahrens- und Arbeitsanweisungen**			
3.6.1.1	Sind die Verfahrensanweisungen vollständig, konkret und verständlich?			
3.6.1.2	Werden Verfahrensanweisungen vor ihrer Freigabe auf Korrektheit und Vollständigkeit geprüft?			
3.6.1.3	Werden Mitarbeiter in der Anwendung von Verfahrensanweisungen geschult?			
3.6.1.4	Ist die ständige Aktualisierung und Verbesserung von Verfahrensanweisungen geregelt?			
	Σ			

$\longrightarrow$

5

Kapitel der Norm	Frage	G	B	Σ
	Übertrag			
3.6.2	**Genehmigungsmanagement**			
3.6.2.1	Ist geregelt, welche Stellen bei der Bearbeitung von Genehmigungsanträgen welche Aufgaben und Kompetenzen haben?			
3.6.2.2	Werden Vollständigkeit und Korrektheit vor Abgabe an die Behörde geprüft?			
3.6.2.3	Werden Genehmigungsbescheide bezüglich der darin enthaltenen Auflagen ausgewertet?			
3.6.3	**Entwicklung umweltgerechter Produkte**			
3.6.3.1	Wird beim Konstruieren auf Minimierung des Ressourcenverbrauchs geachtet?			
3.6.3.2	Werden Sekundärrohstoffe genutzt, wo es möglich ist?			
3.6.3.3	Wird bei der Konstruktion auf Wiederverwertbarkeit und umweltgerechte Entsorgbarkeit geachtet?			
3.6.3.4	Werden Werkstoffe gekennzeichnet?			
3.7	**Risikomanagement**			
3.7.1	Existieren aktuelle und vollständige Gefahrenabwehrpläne?			
3.7.2	Wie werden Abweichungen vom bestimmungsgemäßen Betrieb frühzeitig und sicher erkannt?			
3.7.3	Sind Reaktionen auf Störungen und Entscheidungskompetenzen im voraus festgelegt?			
3.7.4	Existieren Störfallszenarien mit Beschreibung der möglichen Folgen?			
3.7.5	Ist geregelt, von welchen Personen die Öffentlichkeit bei welchen Vorkommnissen informiert wird?			
3.7.6	Wurde der Versicherungsschutz überprüft?			
4	**Überwachungs- und Korrekturmaßnahmen**			
4.1.1	**Eigenüberwachung**			
	Σ			

Kapitel der Norm	Frage	G	B	Σ
·	Übertrag			
4.1.1.1	Sind alle überwachungsbedürftigen Anlagen, Prozesse, Einrichtungen, Tätigkeiten und Stoffe aufgelistet?			
4.1.1.2	Gibt es Überwachungspläne für diese Anlagen, Einrichtungen etc.?			
4.1.1.3	Ist geregelt, welche Maßnahmen bei unbefriedigenden Überwachungsergebnissen zu ergreifen sind?			
4.1.2	**Betriebliche Bilanzierung**			
4.1.2.1	Wurde eine Standort-Ökobilanz erstellt?			
4.1.2.2	Wurde eine Input-Output-Bilanz erstellt?			
4.1.2.3	Können durch Bilanzierung betriebliche Schwachstellen erkannt werden?			
4.1.3	**Abfallwirtschaft**			
4.1.3.1	Wird ein Abfallwirtschaftskonzept geführt?			
4.1.3.2	Werden monatlich Abfälle nach Art, Menge, Entsorgungsweg, Wiederverwertung und Kosten bilanziert?			
4.1.4	**Erstellung und Pflege von Katastern**			
4.1.4.1	Werden folgende Kataster geführt? - Umweltrelevante Daten von Anlagen/Einrichtungen - Emissionsquellen und Schadstoffe - Abwassereinleitungen und Schadstoffe - Gefahrstoffe			
4.1.4.2	Wie werden geänderte oder neue Daten von den Katasterführern sicher erfaßt?			
4.1.5	**Brauchbarkeit von Daten**			
4.1.5.1	Ist sichergestellt, daß nur vollständige und korrekte Daten im UM-System geführt werden?			
	Σ			

$\rightarrow$

Kapitel der Norm	Frage	G	B	Σ
	Übertrag			
4.2	**Korrektur- und Vorbeugemaßnahmen**			
4.2.1	Wie werden Korrekturmaßnahmen festgelegt und bewilligt?			
4.2.2	Wie werden Fehlerwiederholungen vermieden?			
4.2.3	Wird die Wirksamkeit von Vorbeuge- und Korrekturmaßnahmen regelmäßig bewertet?			
4.3	**Aufzeichnungen**			
4.3.1	Ist festgelegt, welche Personen welche Aufzeichnungen führen?			
4.3.2	Sind die Inhalte der Aufzeichnungen festgelegt?			
4.4	**Umweltaudits**			
4.4.1	**Interne Audits und Lieferantenaudits**			
4.4.1.1	Existieren Regeln für das Planen und Durchführen von Audits?			
4.4.1.2	Sind die an Audits beteiligten Mitarbeiter ausreichend geschult?			
4.4.1.3	Werden die Regelungen der ISO 14011 berücksichtigt?			
4.4.2	**Umweltbetriebsprüfung**			
4.4.2.1	Gibt es spezielle Mitarbeiterschulungen vor Durchführung der Umweltbetriebsprüfung?			
4.4.2.2	Existiert ein Verfahren für das Planen und Durchführen der Umweltbetriebsprüfung?			
4.4.2.3	Wie ist sichergestellt, daß bei Umweltbetriebsprüfungen alle Aspekte berücksichtigt werden?			
4.4.3	**Validierung / Zertifizierung**			
4.4.3.1	Existieren Kriterien für die Auswahl des Umweltgutachters/ Zertifizierers?			
	Σ			

$\rightarrow$

Kapitel der Norm	Frage	G	B	Σ
	Übertrag			
4.4.3.2	Sind Ablauf und Verantwortlichkeiten für Planung und Durchführung von Validierungen/Zertifizierungen festgelegt?			
4.4.4	**Umweltbericht**			
4.4.4.1	Ist der Inhalt des jährlichen internen Umweltberichts festgelegt?			
4.4.4.2	Ist geregelt, wer den Bericht erstellt und auswertet?			
5	**Umweltmanagementreview**			
5.1	Ist festgelegt, welches Mitglied der Unternehmensleitung das Review durchführt?			
5.2	Sind Planung und Durchführung des Reviews festgelegt?			
5.3	Ist definiert, wer bei Abweichungen Korrekturmaßnahmen veranlaßt?			
	Gesamtergebnis:			

Planung eines Bereichsaudits

Beispiel

Bereich:	**Härterei**
Intervall:	jährlich
Auftraggeber:	Betriebsleitung
Auditleiter:	Herr Müller
Auditteam:	Herren Maier, Huber, Schulz
Ziele:	– Prüfen der Übereinstimmung der Realität mit den im Handbuch und zugehörigen Verfahrensanweisungen enthaltenen Regelungen
	– Prüfen der Tauglichkeit der Kontrollmechanismen
	– Erkennen von Verbesserungsmöglichkeiten
Dauer:	ca. 5 h
Ablauf:	Besprechung mit Betriebsleiter, ca. 2 h Begehung der umweltrelevanten Anlagen und Einrichtungen, ca. 1 h Erstellen des Berichts, ca. 2 h
Nächster Termin:	8. 6. 1996
Verteiler:	Der Auditbericht geht an den Betriebsleiter, den Beauftragten für Umweltmanagement, die Bbf
Auditfragen:	werden vom Auditteam bei Vorbereitung des Audits festgelegt

Fragetechnik

Geschlossene Fragen (z. B.: Ist die Dokumentation vollständig?) bringen Ja/Nein-Antworten. In seltenen Fällen sind geschlossene Fragen sinnvoll. **Offene Fragen** (z. B.: Wie wird die Vollständigkeit der Dokumentation erreicht?) bringen vielfältige Informationen und geben dem Auditor Ansatzpunkte für vertiefende Fragen.

Beispiele:

Für das Systemaudit
- ❏ Welche Zielsetzungen hat unser Unternehmen im Umweltschutz?
- ❏ Kennen Sie die Selbstverpflichtung der Unternehmensleitung?
- ❏ Welche Stellung hat der Beauftragte für Umweltmanagement und gibt es eine Stellenbeschreibung?
- ❏ Welche Aufgabe hat das Umweltschutzhandbuch?
- ❏ Werden seine Gliederung und seine Regelungen den Forderungen der Öko-Audit-Verordnung und der ISO 14001 gerecht?
- ❏ Ist ein wirksames Audit- und Reviewsystem etabliert?
- ❏ usw.

Für ein Bereichsaudit
- ❏ Kennen Sie die Umweltschutzpolitik unseres Hauses?
- ❏ Welche umweltschutzrelevanten Aufgaben sind für Ihren Bereich beschrieben?
- ❏ Wie wurden sie den Mitarbeitern bekannt gemacht?
- ❏ Welche Dokumente führen Sie zur Gefahrstoff-Handhabung und -Lagerung?
- ❏ Welche Stoffe, Emissionen, Abwässer und Abfälle aus Ihrem Bereich können die Umwelt belasten?
- ❏ Welche Grenzwerte haben Sie einzuhalten?
- ❏ Was tun Sie, wenn Grenzwertüberschreitungen festgestellt werden?
- ❏ Welche Möglichkeiten haben Sie, den Umweltschutz in Ihrem Bereich kontinuierlich zu verbessern?

Denken Sie daran: Ein Audit ist eine Prüfung, aber auch eine Beratung. Nur systembedingte Schwachstellen sind Gegenstand des Audits. Konsequenzen aus dem Audit kann es im Normalfall nur für Regelungen, Anweisungen und Arbeitsabläufe geben, nicht für Personen.

Bericht über die Umweltprüfung

Inhalt

Wenn Sie den kurzen Weg – Umweltprüfung, Aufbau UMS, Validierung – anstreben, müssen Sie dem Umweltgutachter einen ausführlichen Bericht über die Umweltprüfung vorlegen.

Umweltprüfung (Ist-Analyse) zu Beginn eines Umweltmanagementprojekts

Die Tabelle zeigt alle relevanten Rechtsnormen, beschreibt deren Regelungsschwerpunkte, benennt den sich daraus ergebenden Handlungsbedarf, zeigt den Grad der Erfüllung und ordnet der jeweiligen Rechtsnorm Anlagen, Einrichtungen und Tätigkeiten zu.

Rechts-norm	Stand	Regelungs-schwerpunkte	Bedeutung für den Standort	er-füllt	nicht erfüllt	betroffene Anlagen
2.1.1 BImSchG	15. 3. 90	Leitgesetz zum Schutz vor schädlichen Umwelteinwirkungen durch Luftverunreinigungen, Geräusche, Erschütterungen und ähnliche Vorgänge.	Der Standort hat zu beachten:			Feuerungsanlagen
			– Bestellen einer Person nach § 52 a	x		
			– Delegieren von Betreiberpflichten		x	Absauganlage
			– Beantragen von Betriebsgenehmigungen	x		Lackieranlagen
			– Mitteilen von Änderungen an genehmigungspflichtigen Anlagen.	x		
			– Einhalten der behördlichen Auflagen zu den Feuerungsanlagen:	x		
			– Aushängen von Betriebsanweisungen		x	
			– Unterweisen Mitarbeiter		x	
			– Installieren kontinuierlich Meßeinrichtung		x	
			– Wartungsplan Abgasreinigungsanlage		x	
			– Abgasmessung alle 3 Jahre		x	
			– Schallpagel max. 70 dB(A)	x		
			– Einhaltung der Auflagen zu Lackieranlagen:	x		
			– usw.			

$\longrightarrow$

3

Rechts-norm	Stand	Regelungs-schwerpunkte	Bedeutung für den Standort	er-füllt	nicht erfüllt	betroffene Anlagen
2.1.2 Erste BImSchV	15. 7. 88	Anforderungen an Brennmaterial und technische Ausstattung von Feuerungsanla-gen	Bei Feuerungsanlagen (Heizungen) mit einer Leistung von 4 bis 50 kW darf der CO_2-Anteil 10 bis 12 % des Volumen-stroms nicht überschrei-ten.	usw.		Heizung des Ver-waltungs-gebäudes
2.1.3 Zweite BImSchV	10. 12. 90	Verbot der Nut-zung von FCKW, Rege-lung der Emissi-onsbegrenzung von Per	– FCKW dürfen nicht mehr verwendet wer-den – CKW sollen schnellst-möglich ersetzt wer-den			Reinigung von Metall-teilen etc.
2.1.4 Vierte BImSchV	24. 3. 93	Auflistung der genehmigungs-pflichtigen Anla-gen	Feuerungsanlagen = Nr. 1.2 Spalte 2 Lackieranlagen = Nr. 5.1 Spalte 2 usw.			Siehe Spalte 4
2.1.5 Fünfte BImSchV	30. 7. 93	Voraussetzun-gen für die Be-stellung von Im-missionsschutz-beauftragten, Anforderungen an Betriebsbe-auftragte für Im-missionsschutz	Der Standort muß einen Betriebsbeauftragten für Immissionsschutz **nicht** bestellen. Eine Person, die die Aufgaben eines Betriebsbeauftragten für Immissionsschutz wahr-nimmt, ist **freiwillig** ein-gesetzt.			–
2.1.6 Siebte BImSchV	18. 12. 75	Auswurfbegren-zung von Holz-staub. Zulassung von Ausnahmen	Die Massenkonzentration an Staub darf 20 mg/m³ nicht überschreiten.			Spänesilo
2.1.7 Neunte BImSchV	20. 4. 93	Genehmigungs-verfahren	Die Regelungen der Ver-ordnung sind bei neuen Anlagen und Änderung bestehender Anlagen zu beachten.			alle BImSchG-Anlagen
2.1.8 Elfte BImSchV	12. 12. 91	Regelt die Erstel-lung von Emissi-onserklärungen. Festlegung der zu verwenden-den Formulare bzw. Dateien	Gemäß der von der Be-hörde vorgegebenen EDV-Datei sind Emissionserklärungen zu erstellen und der Behörde zu übergeben.			Feuerungs-anlagen Lackieran-lagen

4

Die Tabelle wird um Fragen nach der Erfüllung der Öko-Audit-Verordnung und dem »Stand der Organisationspraxis« ergänzt. Die Ergebnisse beider Tabellen (teilweise und nicht erfüllte Punkte) werden in eine Liste der zu bearbeitenden Aufgaben übertragen. Diese Liste gibt an, wer bis wann was zu tun hat. Im Laufe des Projekts entstehen zu den Elementen der Öko-Audit-Verordnung, zu den relevanten Rechtsnormen und zu internen Vorgaben im Handbuch detaillierte Regelungen und Verfahrensanweisungen, deren Einhaltung später (bei der Umweltbetriebsprüfung) geprüft wird.

Kap. der Norm	Frage	erfüllt	teilweise erfüllt	nicht erfüllt	Aufwand	zuständig
1	**Umweltpolitik**					
1.1	Sind Leitlinien zur Umweltpolitik definiert? (Kernteam)		×			
1.2	Ist die Umweltpolitik intern und extern bekanntgegeben?		×			
1.3	Wird die Umweltpolitik von den Mitarbeitern »gelebt«?		×			
1.4	Ist sichergestellt, daß die Umweltpolitik aktualisiert wird?		×			
2	**Umweltauswirkungen**					
2.1	**Mitteilungen zu Umweltauswirkungen**					
2.1.1	Ist sichergestellt, daß Mitteilungen dem zuständigen Bearbeiter unverzüglich bekannt werden?	×				
2.1.2	Existieren Regelungen für die Bearbeitung von Mitteilungen?	×				
2.1.3	Ist geregelt, wie interne Mitteilungen bzw. Anregungen behandelt werden?	×				
2.1.4	Ist definiert, welche Auswirkungen mit Haftungsrisiken verbunden sind?			×		
2.1.5	Existiert eine Methode zur Abschätzung von Auswirkungen?			×		

$\rightarrow$

Kap. der Norm	Frage	erfüllt	teilweise erfüllt	nicht erfüllt	Auf- wand	zu- ständig
2.1.6	Sind Reaktionen auf Auswirkungen im voraus festgelegt (was ist zu tun wann?)?			x		
2.2	**Dokumentation und Pflege gesetzlicher und anderer Vorschriften**					
2.2.1	Werden Rechtsnormen aktuell erfaßt?			x		
2.2.2	Wird die Bedeutung relevanter Rechtsnormen beschrieben und allen Betroffenen zur Kenntnis gegeben?			x		
2.2.3	Ist sichergestellt, daß dem Unternehmen Änderungen von Rechtsnormen und Gesetzgebungsvorhaben rechtzeitig bekannt werden?			x		
2.3	**Umweltspezifische Ziele und Vorgaben**					
2.3.1	Ist geregelt, wie operative Vorgaben aus strategischen Zielen abgeleitet werden?			x		
2.4	**Umweltprogramme**					
2.4.1	Sind Umweltprogramme festgelegt?			x		
2.4.2	Ist sichergestellt, daß der Umweltschutz in allen Projekten des Unternehmens berücksichtigt wird?			x		
3	**Organisation und Personal**					
3.1.1	Verantwortlichkeiten und Befugnisse					
3.1.1.1	Ist die Umweltschutzorganisation vollständig in einem Organisationsplan dargestellt?			x		

$\rightarrow$

6

Kap. der Norm	Frage	erfüllt	teilweise erfüllt	nicht erfüllt	Auf-wand	zu-ständig
3.1.1.2	Wurde die Umweltschutzorgani-sation der zuständigen Behörde mitgeteilt?		×			
3.1.1.3	Ist der Betriebsrat am Umwelt-schutz beteiligt?		×			
3.1.1.4	Sind Verantwortlichkeiten schriftlich delegiert?		×			
3.1.1.5	Existiert eine vollständige Über-sicht aller Umweltschutzaufga-ben?			×		

usw.

1 Zweck
2 Anwendungsbereich
3 Verantwortlichkeiten
4 Regelungen
5 Mitgeltende Unterlagen

Erstellt von:	Datum:
Version: 1	Seite: 1 von 2

1   Zweck

Bewerten des Umweltmanagements durch die Unternehmensleitung

2   Anwendungsbereich

Gesamter Geschäftsbereich

3   Verantwortlichkeiten

Geschäftsleitung, BfUM

4   Regelungen

Auf Basis der Berichte über interne Audits (Kap. 4.4), der Überwachungs-protokolle (Kap. 4.1.1) und der anderen festgelegten Berichte sowie der Er-füllung der Umweltschutzprogramme (Kap. 2.4) und der Ergebnisse der kontinuierlichen Verbesserungsprozesse (Kap. 3.6.3) beurteilt das für Um-weltschutz zuständige Mitglied der Geschäftsleitung einmal jährlich per-sönlich die Funktionsfähigkeit des Umweltmanagements.

Von dem Review wird ein Bericht über festgestellte Abweichungen und zu treffende Maßnahmen erstellt. Der BfUM überwacht die Wirksamkeit der Maßnahmen.

5   Mitgeltende Unterlagen

Kap. 5, Umweltmanagement-Review   ISO 14001

Erstellt von:	Datum:
Version: 1	Seite: 2 von 2

Stichwortverzeichnis